《国家中长期科学和技术发展规划纲要（2006—2020 年）》农业领域实施情况评估报告

中国农学会　组编

中国农业出版社

北　京

图书在版编目（CIP）数据

《国家中长期科学和技术发展规划纲要（2006—2020年）》农业领域实施情况评估报告／中国农学会组编．—北京：中国农业出版社，2020.1

ISBN 978-7-109-26550-9

Ⅰ．①国… Ⅱ．①中… Ⅲ．①农业技术－技术发展－评估－研究报告－中国－2016－2020 Ⅳ．①F323.3

中国版本图书馆 CIP 数据核字（2020）第 013612 号

中国农业出版社出版

地址：北京市朝阳区麦子店街 18 号楼

邮编：100125

责任编辑：王金环

版式设计：杨 婧 责任校对：吴丽婷

印刷：北京中兴印刷有限公司

版次：2020 年 1 月第 1 版

印次：2020 年 1 月北京第 1 次印刷

发行：新华书店北京发行所

开本：720mm×960mm 1/16

印张：9.25

字数：180 千字

定价：68.00 元

编审委员会

前　言

　　《国家中长期科学和技术发展规划纲要（2006—2020 年）》（以下简称《规划纲要》）是指导我国科技发展的纲领性文件。受中国科学技术协会委托，中国农学会承担了《规划纲要》农业领域实施的第三方评估工作。本次评估工作于 2019 年 5 月正式启动，2019 年 9 月完成，最终形成本评估报告。

编　者

2019 年 12 月

目　　录

前言

一、评估概况 ··· 1

  （一）评估方法 ·· 1

  （二）评估范围与周期 ··· 2

  （三）评估内容 ··· 2

二、评估总体结论 ··· 3

  （一）部门和多数地方响应积极、部署有力，任务得到全面落实 ········ 3

  （二）农业领域整体实施进展良好，成效显著 ······················· 4

  （三）农业科技支撑条件进一步改善，保障到位 ····················· 5

  （四）农业科技管理体制机制逐步完善，效能提升 ··················· 6

  （五）未来发展机遇与挑战并存，任重道远 ························· 8

三、《规划纲要》农业领域实施进展和成效 ·························· 9

  （一）《规划纲要》农业领域目标实现情况 ························ 9

  （二）《规划纲要》部署与组织实施情况 ·························· 10

  （三）对部署和落实情况的判断 ··································· 25

  （四）《规划纲要》主要实施效果 ································· 26

四、《规划纲要》农业领域实施经验、问题和挑战 ··················· 38

  （一）实施经验 ·· 38

  （二）存在的问题 ·· 41

  （三）农业科技面临的挑战与需求 ································· 43

五、评估建议 ·· 47

    （一）推动农业科技体制改革与机制创新 ·········· 47

    （二）进一步明确农业科技重点任务 ·············· 48

    （三）进一步完善农业科技成果转化新机制 ········ 53

    （四）进一步健全农业科技平台支撑能力、优化人才培养政策供给 ····· 53

    （五）加大投入力度，为农业科技创新提供有效保障········ 55

附录 ·· 56

一、评估概况

（一）评估方法

作为第三方评估，本评估始终坚持以事实和客观信息为依据，坚持专业性、科学性和开放性的评估理念，综合运用现代公共政策评估流程、方法和技术，发挥中国农学会人才荟萃、智力密集、组织体系完备等优势，将定量评估与定性评估相结合，将过程评估、结构评估与绩效评估相结合，将工具性评估与价值性判断相结合，努力实现评估客观、公正、准确的目标。

1. 总结评估与专题评估结合

一方面，农业农村部对《国家中长期科学和技术发展规划纲要（2006—2020 年）》（以下简称《规划纲要》）实施情况进行了工作总结评估，科技教育司向部内乡村产业发展司、农产品质量安全监管司、种植业管理司、畜牧兽医局、渔业渔政管理局、种业管理司、农业机械化管理司、农田建设管理司等有关司局以及中国农业科学院、中国水产科学研究院、中国热带农业科学院发函，收集汇总相关部门、单位贯彻落实科技规划纲要的实施情况总结材料，梳理总结形成了《农业农村部贯彻〈规划纲要〉实施情况的总结评估报告》。另一方面，中国农学会从农业高等院校、省级农业科学院中，组织了 9 个领域的 50 名专家（含全国农业科研杰出人才），开展调查研究，起草了相关领域的评估报告。

2. 实地访谈

中国农学会组建了课题组，赴湖北省、四川省、吉林省等地进行了调研访谈，邀请农业科研人员、推广人员、管理人员以及有关企业代表进行座谈，了解各类人员对《规划纲要》实施的具体反映。

3. 会议评估

课题组先后组织召开了 2 次专家座谈会，围绕种质资源发掘、保存和创新与新品种定向培育，畜禽水产健康养殖与疫病防控，农产品精深加工与现代储运，农林生物质综合开发利用，农林生态安全与现代林业，环保型肥料、农药创新和生态农业，多功能农业装备与设施，农业精准作业与信息化，现代奶业等方面等 9 个优先领域农业科技发展问题以及下一轮规划制定，充分征询各方面专家意见，并对专家意见进行了认真研究并积极吸纳。

4. 问卷调查

面向中国农业科学院、中国水产科学研究院、中国热带农业科学院、中国农业大学、南京农业大学、华中农业大学、华南农业大学、西北农林科技大学以及部分省级农业科学院以及有关企业开展了问卷调查工作，共收回有效问卷 2 032 份，调查对象具有一定的代表性。

（二）评估范围与周期

本次评估范围是《规划纲要》《农业科技发展规划（2006—2020 年）》及配套政策自颁布至 2019 年的实施情况。

评估数据采集时间截至 2018 年 12 月 31 日。

（三）评估内容

《规划纲要》农业领域实施的战略影响和作用；《规划纲要》实施对我国农业科技创新能力提升、创新体系建设、支撑引领农业高质量发展发挥的作用；《规划纲要》组织实施机制；国内外形势变化带来的需求和挑战；对编制新的中长期科技发展规划纲要的启示和建议等。

二、评估总体结论

2006 年以来特别是党的十八大以来，我国农业农村发展实现了跨越式发展，取得了历史性成就。围绕落实《规划纲要》和相关计划的实施，在农业前沿学科和基础研究领域、重大基础理论和方法、重大技术上取得了一批重大的突破性的科技成果，并在国际上占有重要位置，建立了人才水平较高、学科比较完整的农业科技创新体系，显著提高了我国农业科技自主创新能力，提升了农业科技进步贡献率，农业科技进步贡献率由 2005 年 48.0%提升到 2018 年的 58.3%，主要农作物耕种收综合机械化水平超过 66%，为粮食综合生产能力的提升、重要农产品的有效供给和质量品质提升、农民的持续增收以及实施乡村振兴战略提供了有力支撑。

（一）部门和多数地方响应积极、部署有力，任务得到全面落实

《规划纲要》自发布以来，国务院、科技部、农业农村部、国家林业局、水利部、环保部、国土资源部、教育部等 15 个国家部委在第一时间内出台（或牵头发布）了 115 个涉及农业领域的科技或产业发展规划，其中，以《规划纲要》为主要依据，响应并落实农业领域任务部署的科技发展规划共 52 个，其他规划与《规划纲要》农业领域优先主题部署内容具有一定相关性。各省（自治区、直辖市）结合《规划纲要》及自身科技发展状况和需求，大多也出台了相应的《中长期科学和技术发展规划纲要（2006—2020 年）》及"十一五""十二五""十三五"科技发展规划，从技术研发、产品创制、基地建设及人才培养等方面全面部署落实了《规划纲要》农业领域的各项任务。

评估发现，通过国家、部门和地方各类科技计划的实施，9 个优先主题的任务总体上都得到较好安排。据不完全统计，2006—2018 年国家科技支撑计划、公益性行业科研专项、现代农业产业技术体系建设等 26 个国家级科技计划，对农业领域的资助经费超过 1 000 亿元。2016 年启动实施的"国

家重点研发计划"，其中针对农业领域 9 个优先主题设立了 9 大专项，累计投入中央财政经费 116.71 亿元。

尽管各部门、地方均在一定程度上加大了对农业科技的支持力度，但是，由于统筹协调和总体部署机制不完善，部门之间、部门与地方之间在任务安排上配合不够紧密，导致各优先主题支持力度存在不平衡、不充分、不协调的现象，造成一定程度上的科技资源分散重复和整体运行效率不高，有些方向多头重复支持，有些重大科研需求没有得到支持。此外，科创基地建设、人才团队培养等方面投入以中央为主，地方投入偏少。

（二）农业领域整体实施进展良好，成效显著

围绕落实《规划纲要》组织实施了一系列科技计划，我国农业科技自主创新能力明显增强，农业基础研究取得长足发展，高技术和关键技术研究取得重大突破，有力支撑了现代农业发展。与 2006 年相比，我国农业领域科技水平提升明显加速，与世界先进水平的差距进一步缩小。

通过一系列项目的实施，我国种质资源发掘、保存和创新与新品种定向培育取得新突破，首次构建了水稻、小麦、玉米、棉花等特有农林植物种质资源"分子身份证"数据库，水稻功能基因组、杂种优势利用等相关研究位居国际领先水平。畜禽水产健康养殖和疫病控制水平显著提升，在禽流感、口蹄疫等动物疫病与动物源性人兽共患疫病防控技术方面取得突破，并达到国际先进水平。农产品精深加工与现代物流产业科技创新能力迅速提升，引领和支撑了农产品精深加工与现代物流产业的可持续发展。农林生物质综合开发利用技术快速发展，生物质发电、成型燃料和催化转化制备高品质燃料技术方面达到国际先进水平。困难立地造林、荒漠化防治、生物多样性保护、农林重大灾害防控、新型肥料农药创制和生态农业技术取得重要进展，农林生态安全保障能力显著增强。多功能农业装备与设施技术快速升级，200 马力*以上大马力拖拉机及配套机具实现国产化，联合收割机实现自主化生产，支撑我国农业耕种收综合机械化水平由 2006 年的 40.5％提高到 2018 年的 66％。农业精准作业与信息化水平显著提升，有效支撑了现代农业发展。2006—2018 年，我国农业科技进步贡献

---

* 马力为非法定计量单位，1 马力＝0.735 千瓦，下同。——编者注

率由 48％提升至 58.3％，科技进步对我国农业发展的促进作用显著提升。

尽管农业科技的支撑引领能力不断加强，农业科技进步贡献率稳步提升。但是科技经济"两张皮"的问题依然存在，一是以产业的发展需求和行业发展实际为导向的科研选题、立项机制尚未真正建立，难以体现颠覆性技术培育的需要。如对国外依存度比较高的畜禽水产品种的育种缺乏重点专项支持，多样化、智能化农机装备研发明显滞后。二是以产业问题为导向、产学研一体化的协同创新和利益联结机制尚未真正建立，企业还没有充分发挥作为创新投入的主体作用，我国农业企业的技术创新投入占销售额比重不到 1％，远低于发达国家 5％以上的投入水平，金融资本、社会力量参与农业农村科技创新的政策环境不优越。此外，以产业发展贡献为导向的成果和人才评价机制尚未建立，科研人员的积极性和市场的调动作用等亦未得到较好发挥。

（三）农业科技支撑条件进一步改善，保障到位

农业科技投入不断加大。据不完全统计，2006 年以来，国家和部门现有 48 个科技计划涉及农业领域的任务部署，中央财政经费累计超过 1 000 亿元。不断加大的农业科技投入，为落实《规划纲要》提供了有效的经费保障。

农业科技政策保障体系不断完善。2006—2018 年，有 13 年的中央 1 号文件都对我国农业发展及农业科技创新做出了重要指示；同时，国家 7 部委相继出台（或牵头发布）了超过 60 个农业科技、行业或产业发展政策的指导性文件。这些文件的发布，从现代农业与农村发展、农业科技创新与技术推广、农业产业发展、新农村建设、科技项目及经费管理、人才培养及农民素质教育等方面，为《规划纲要》实施提供了有力的政策保障。

农业科技条件平台建设不断强化。自 2006 年以来，通过多年的建设和发展，依托各类国家科研条件能力建设计划和项目，农业领域的国家级科研平台数量明显增长，农业领域已建成了 15 个国家科技资源共享服务平台（占总数的 30％，2019 年）、65 个国家重点实验室（占总数的 18.11％，2016 年）、28 个国家工程实验室（占总数的 21.88％，2012 年）、85 个国家工程技术研究中心（占总数的 23.61％，2016 年）、11 个国家工程研究中心（占总数的 8.46％，2011 年）；40 个国家农业科技园区（至 2012 年，另有 33 个在建）；15 个涉农产业技术创新战略联盟试点。2006 年以来，新增各类国家级农业科

技创新平台超过 300 个，有效支撑了农业科技创新和成果转化应用。

创新创业主体不断壮大。在国家各类科技计划项目的支持下，我国农业领域研究与开发机构 R&D 人员总量由 2006 年的 2.8 万（人年）提高到 2017 年的 4.7 万（人年），增长了 67.86％。截至 2018 年，全国农业科研人才队伍总体规模已达 62.7 万人。其中，省级以上农业科研机构 7.1 万人、涉农高等院校 3.4 万人、省级以上农业产业化龙头企业 17 万人、两院院士 116 人。此外，结合《规划纲要》的实施，按照国家人才规划的相关要求，各部门和地方通过实施各类高层次人才计划，进一步强化农业科技人才队伍建设，初步形成了梯次较合理的人才团队。

农业领域参与国际科技合作的广度和深度均有较大提升。2006—2018 年间，农业领域相关部门组织国内科研教学等单位与相关国际组织、其他国家政府和国际企业间开展了卓有成效的国际科技合作，进一步增强了农业领域科技的国际交流与合作，强化了引进基础上的消化吸收再创新，提升了国际合作的参与意识及主动权。

虽然农业科技投入在不断加大，但没有与经济增长同比例增加，与国外相比仍有明显差距，也未能很好地适应农业产业的特点和规律。一是投入总量不足。国际经验表明，农业领域研发经费占农业总产值的比重低于 1％，主要以模仿创新为主，1％～2％主要以引进消化吸收再创新为主。只有投入占比超过 2％，才能开始迈向全面自主创新的阶段，但 2018 年我国农业科技投入仍然低于 1％，难以支撑我国农业科技实现跨越发展。二是投入结构不合理。农业生态观测、资源评估和环境监测等基础性、长期性科技工作缺乏长期持续的专项经费投入。农业领域稳定性支持和竞争性经费投入比例失衡，发达国家对国家级农业科研机构的稳定投入占比达 70％～80％，而我国目前这一比例正好相反，以竞争性经费为主，"细水长流"的稳定投入不足。三是促进国际竞争的投入不足。农业科技国际合作与交流缺乏专门的项目、经费、资源和手段，与落实"一带一路"倡议和农业"走出去"的要求不相称，科研机构和科技人员往往有想法、有渠道，但却难以实现国际合作与交流的目标。

（四）农业科技管理体制机制逐步完善，效能提升

在科技体制方面，科技部通过创建产业技术创新战略联盟、组织实施种

业科技特派员创业专项，农业部通过强化现代农业产业技术体系建设，教育部通过实施"2011"计划，教育部、科技部通过联合开展农业高等院校新农村发展研究院建设工作，农业部和财政部通过实施农业科技创新工程等，打破了部门、区域、学科的界限，有效整合各种科技资源，建立了协同创新机制，推进了产学研协作、农科教结合，促进了科技与经济、科技与产业的紧密结合。

在农业科技投入方面，2006年以来，进一步强化了定向委托和自主选题相结合、稳定支持和适度竞争相结合的农业科技投入机制。国家在三大主体科技计划的基础上，新增了公益性行业科研专项、中央级公益性科研院所基本科研业务费专项。同时，积极引导地方、企业和社会力量加大对农业科技的投入力度，引导农业科技投入逐步向多元化发展。

在科技项目管理方面，科技部率先根据创新链思路，对科技计划管理进行调整，比如在863计划、支撑计划管理中注重推进科技计划过程管理改革，从重大专题设计、预备项目库建设、项目评审立项、科技服务等环节进行了规范和细化，简化了项目立项程序。农业农村部建立了以产业需求为导向的科研立项机制，并对农业重点产业、关键生产环节的项目实行稳定支持，减少了重复申请和过度竞争的负面影响。

在科研评价激励机制方面，坚持分类评价，更加注重解决实际问题。财政部、科技部在国家科技计划和公益性行业科研专项中建立了课题间接成本补偿机制，增加了间接费用及绩效支出。农业农村部建立了以解决生产实际问题为主的项目考核评价机制，教育部正在探索建立以创新质量和贡献为导向的评价机制，努力激发科技人员的积极性和创造力。

党的十八大以来，中央出台了一系列激发创新创业活力的政策，各地也相继出台了一系列配套措施。但很多制约科研单位自主创新和人才合理流动的问题还未能得到很好的解决。一是大部分科研院所缺乏用人和经费管理使用等自主权，缺乏"能进能出、能上能下"的管理制度，项目管理手续烦琐，经费使用管得过死，不利于科研人员专注科研工作，创新效率不高。二是当前我国出台的科技激励政策是全世界最好的政策，但因为一些激励政策与纪检监察等相关要求不协调、不配套，导致科技人员兼职兼薪、分享股权期权、领办创办企业等好的激励政策难以落地，制约了创新创业活力的释放。此外，潜心研究的创新环境不宽松，目前中短期的科研项目设置比较多，导致科研人员忙于申请项目和应付考核验收，让繁文缛节束缚了科技人员的手脚，不利于培育长期的研究和持续地积累重大科研成果。同时，缺乏鼓励探索、宽容失败的创新氛围，有些颠覆性技术被"论证"论没了，青年科技人员难以脱颖而出，不利于原创性重大成果的产生。

（五）未来发展机遇与挑战并存，任重道远

当前，新一轮科技及产业革命正在孕育兴起，农业发展呈现许多新特征和新趋势，绿色发展日益成为全球共识，优质营养日益成为重要方向和社会关切，人工智能将给农业带来颠覆性变革，农业的多功能和"农业＋"成为新增长点。为顺应农业发展新变化，世界各国普遍加速了农业科技创新步伐。围绕《规划纲要》落实和相关科技计划的实施，我国农业科技尽管取得了较大成绩，与发达国家先进的农业科技水平相比，我国的农业科技还存在创新能力不够强，重大原创性成果缺乏，农业科技投入强度较弱，农技推广体系不健全，农业科技管理运行机制不完善，产学研协作不密切，发展不全面、不平衡、不配套，整体实力和支撑引领产业能力不强等一些问题。

随着中国特色社会主义进入新时代，中国社会主要矛盾已经转化为人民日益增长的美好生活需要和不平衡不充分的发展之间的矛盾。同样，中国农业农村发展已进入新的历史阶段，农业农村的主要矛盾也发生了重大转变，对农业科技也提出了新的需求，农业科技要能够支撑引领农业供给侧结构性改革，要能够推动提升农业产业质量效益和竞争力，要能够切实促进农业绿色发展。针对我国现代农业发展的新形势，建议牢固树立需求导向，进一步推动农业科技体制改革与机制创新，加强部门和地方间的有机协调，形成全国一盘棋的科技格局；强化战略导向和目标引导，聚焦农业农村科技创新的战略领域、重点突破方向和攻关重点，进一步明确农业科技重点任务；加大农业科技投入强度，优化投入结构和方式，引导各类社会资本积极参与农业科技创新创业；进一步完善农业科技成果转化新机制，加大成果转化工作经费保障力度，强化对农业科技创新成果的保护和激励机制；进一步提高农业科技创新平台支撑能力，优化人才培养政策供给，增强涉农企业技术研发能力，提升农业科技发展核心竞争力。

三、《规划纲要》农业领域实施进展和成效

　　《规划纲要》实施13年来，建立了人才水平较高、学科比较完整的农业科技创新体系，取得了一批重大的和突破性的科技成果，水稻、黄瓜、家蚕等基因组学基础研究处于世界先进水平，畜禽水产优良品种、特色品种培育取得突破，突破了农作物遗传发育与抗性机理、动物疫病防控、森林生物量测算等一批重大基础理论和方法，取得了超级稻、转基因抗虫棉、禽流感疫苗、口蹄疫防控技术等一批突破性成果（附录4），禽流感病毒演变、跨种间传播与流行规律研究处于世界领先水平，农业科技自主创新能力显著提升，农业科技进步贡献率由2005年48.0%提升到2018年的58.3%，主要农作物耕种收综合机械化水平超过66%，农业科技进步为保障国家粮食安全、重要农产品有效供给、促进农民增收和农业绿色发展发挥了重要作用，已成为促进我国农业农村经济增长、发展现代农业、推进社会主义新农村建设最重要的驱动力。

（一）《规划纲要》农业领域目标实现情况（表1）

　　粮食综合生产能力不断巩固提升，粮食产量从2006年4 526.4亿千克增加到2018年的6 579亿千克；棉油糖、果菜茶、肉蛋奶、水产品等主要农产品的产量逐年提高，肉蛋、蔬果和水产品等产量稳居世界第一；农产品品质显著提升，2018年全国农用化肥施用量（折纯量）比2015年下降6.1%，农药使用量比2015年下降15.7%，秸秆综合利用率达到84%，主要农作物良种覆盖率持续保持在96%以上，主要农产品监测合格率连续五年保持在96%以上。农民收入持续较快增长，人均可支配收入从2006年的3 587元增加到2018年的14 617元，贫困人口大幅减少。

　　农业科技进步贡献率由2005年48.0%提升到2018年的58.3%，主要农作物耕种收综合机械化水平超过66%，主要农作物耕种收综合机械化水

平超过66%，主要农作物良种覆盖率达96%，农作物种质资源保存总量达51万份，农作物秸秆综合利用率达到83%，农产品质量安全检测合格率达97.5%。

表1 《农业科技发展规划（2006—2020年）》总体建设目标

指　标	规划目标（2020年）	完成情况			
		2015年	2016年	2017年	2018年
农业科研开发投入占农业GDP的比重（%）	提高到1.5%以上	0.36%	0.39%	0.40%	0.39%
农业科技进步贡献率（%）	达到63%	56%	56.65%	57.5%	58.3%

（二）《规划纲要》部署与组织实施情况

1. 政策响应

　　各部门、各省（自治区、直辖市）对《规划纲要》农业领域的政策积极响应，并就相关内容进行了系统部署。根据相关结果分析，在已发布的国家、行业部门和地方的各类科技及产业发展规划中，全部9个优先主题均得到了全面覆盖。同时，中央各部门还加大了对新农村建设、现代农业发展、农业科技管理、条件平台建设以及科研人才培养和团队建设等方面的政策指导力度，全面推进农业科技发展。此外，为强化项目实施与贯彻落实《规划纲要》的统一，从"十一五"开始，在国家科技计划项目（或课题）可行性研究中，均需要明确标注该项目（课题）与《规划纲要》的主题及内容符合性，并将其作为重要的立项依据。

　　据统计，2006年《规划纲要》发布以来，国家15个部委相继出台（或牵头）发布了有关农业领域优先主题相关的科技或产业发展的规划，共计115个。其中以《规划纲要》为主要依据，响应并落实农业领域任务部署的科技发展规划共52个（附录1表1）。这些科技发展规划，主要由科技部、农业部、林业局及其他相关部门编制；按照规划所涉及内容可分为5大类，即综合科技类（如《国家"十一五"科技发展规划》《国家"十二五"科学和技术发展规划》《"十三五"国家科技创新规划》）、农业综合科技类（如《"十二五"农业与农村科技发展规划》《"十三五"农业农村科技创新专项规

划》)、重点专项科技类(如《优质畜牧业科技发展"十二五"专项规划》
《"十三五"生物技术创新专项规划》)、行业或产业科技类(如《农业生物
质能产业科技发展规划(2007—2015 年)》《"十三五"渔业科技发展规
划》)、其他领域科技类(如《国家"十二五"海洋科学和技术发展规划纲
要》)(图 1)。

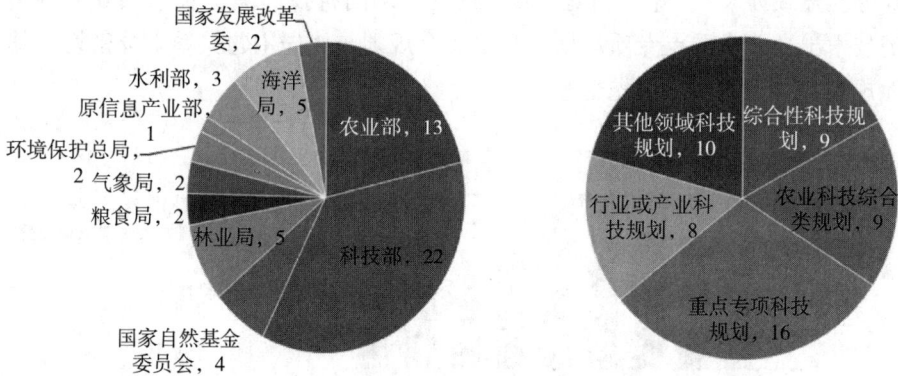

图 1　2006—2019 年部门颁布涉及农业领域的科技发展规划统计
信息来源：根据部门提交调查表及公开发布文件整理

　　国家五年科技发展规划作为指导我国科技发展的重要综合性文件,对
《规划纲要》农业领域部署做出了全面响应。《国家"十一五"科学技术发展
规划》参照《规划纲要》对农业领域的部署,提出了 9 个优先主题的重点方
向,并指出要"加快农业技术全面升级,持续提高农业综合生产能力",特别
是明确安排了 10 个重大项目或工程,全面响应了《规划纲要》的任务安排。
《国家"十二五"科学和技术发展规划》进一步围绕《规划纲要》将生物种
业、农业生物药物、生物质能源作为培育战略性新兴产业的重点内容,将海
洋农业、食品绿色和安全加工、多功能农业装备等作为现代农业科技创新重
点,还突出了对节水农业和农村信息化的支持。《"十三五"国家科技创新规
划》依然紧紧围绕《规划纲要》推进农业现代化和绿色化,构建具有国际竞
争力的产业技术体系,加强现代农业、新一代信息技术、智能制造、能源等
领域一体化部署,推进颠覆性技术创新,加速引领产业变革,推进转基因生
物新品种培育、种业自主创新、加强国家农业科技园、国家现代农业科技示
范区建设。

　　多数涉及农业领域的科技发展规划所提出的科技任务部署和重大项目安

排，均与《规划纲要》农业领域的优先主题密切相关（附录1）。有关"畜禽水产健康养殖与疫病防控""农林生物质综合开发利用"等任务部署较多，有关"现代奶业""多功能农业装备与设施"等优先主题的任务部署则相对较少（图2）。"十二五"期间，科技部围绕农业领域部分关键技术方向出台了14个重点专项规划，其中5个规划与优先主题关系非常紧密，其他规划部分涵盖或涉及9个优先主题。"十三五"期间科技部围绕农业领域部分关键技术出台6个重点专项规划，其中4个规划与优先主题关系十分密切，其他规划部分涉及9个优先主题。

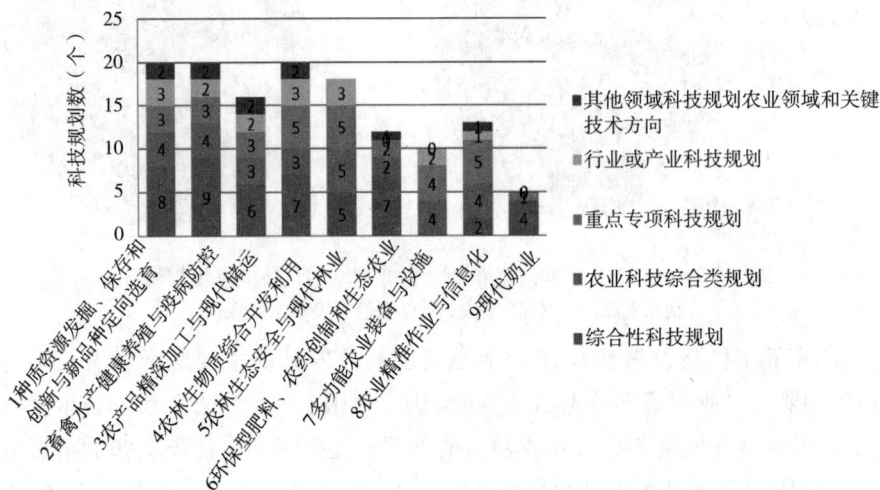

图2　农业领域相关科技发展规划涉及的优先主题统计
信息来源：根据部门提交调查表及公开发布文件整理

此外，有56个行业或产业发展规划以及专项工作规划与《规划纲要》农业领域某些优先主题部署内容有一定相关性，主要涉及动植物育种、农业机械、农产品加工、种植业和畜牧业、农业和林业信息化、农业科技园区、生物质能源、生物资源等方面（附录1）。如《全国奶业发展规划（2016—2020年）》（农牧发［2016］14号）中的相关任务与"现代奶业"优先主题密切相关。

2. 国家科技计划对农业科技领域的部署与任务落实情况

2006年以来，围绕落实《规划纲要》农业领域的目标和任务，各部门、地方加大了农业科技投入，从技术研发、基地建设及人才培养等方面全方位落实，并强化了人才培养与基地平台建设的支持力度。其中，国家科技支撑计划以落实重点领域及优先主题的任务为目标，重点支持了农林动植物育种、重大动物疫病综合防控、食品加工、林业生态建设、农林生物质综合开发利用、现代农村信息化、奶业发展等领域重大关键技术的研究；国家高新技术研究发展计划（863 计划）围绕前沿技术及部分优先主题，在农业生物技术、农业信息技术等方向重点组织实施。国家自然科学基金、国家重点基础研究发展计划（973 计划）、国际科技合作专项计划、科技基础性工作专项、科研院所技术开发研究专项，以及星火计划等，都从不同层面对农业领域部分内容给予了积极支持。2006 年以来，设立公益性行业科研专项和中央级公益性科研院所基本科研业务费专项资金；财政部、发改委、科技部、农业农村部等部委新增的 9 个条件能力建设计划中，就有 7 个是专门针对农业领域设置的。这些计划的设立，进一步拓展了农业领域科学研究渠道，也为《规划纲要》任务的落实提供了坚实的条件保障。

一是现代农业产业技术体系建设专项资金。2007 年以来，中央财政累计安排 142.449 亿元支持现代农业产业技术体系建设，其中，2018 年为 16 亿元。主要任务是围绕产业发展需求，进行共性技术和关键技术研究、集成和示范；收集、分析农产品的产业及其技术发展动态与信息，为政府决策提供咨询，向社会提供信息服务，为用户开展技术示范和技术服务，为产业发展提供全面系统的技术支撑；推进产学研结合，提升农业区域创新能力，增强我国农业竞争力。

二是农业领域公益性行业科研专项。2007 年启动至今，专项共立项 411 个，中央财政投入 76 亿元，涵盖了种业、植保、土肥、栽培、水资源利用、农机化、信息化、加工、资源环境、小产业（品种）、区域农业、畜牧、兽医、渔业等领域。专项实施以来，重点围绕我国粮食和农业生产可持续发展的实际需求，在粮食等农作物生产（粮、棉、油、果、菜）、肉蛋奶鱼菜篮子供应（畜牧、兽医、水产）、现代农业设施与装备（农机、渔机、牧机）、资源环境利用与可持续发展以及农产品加工与质量安全等五大领域开展了系统研究，突破了一批限制粮食增产和农业可持续发展的基础性、关键性问题，通过大面积示范和推广应用，推进了农业科技成果"落地生根"，有效提升了我国粮食、棉油、果蔬、畜牧、水产等农产品的生产力水平和持续增产能力，为保障我国粮食安全和主要农产品有效供给、推进农业绿色可持续发展提供了强有力的科技支撑。

三是中央级公益性科研院所基本科研业务费专项资金。2006年以来，中央财政共安排"中央级公益性科研院所基本科研业务费专项资金"25.68亿元，其中，2018年为3.53亿元。主要用于支持科研院所开展符合公益职能定位，代表学科发展方向，体现前瞻布局的自主选题研究工作。

四是转基因生物新品种培育科技重大专项。2008年立项实施以来，中央财政累计投入84.43亿元支持转基因生物新品种培育重大专项。主要任务是以培育转基因生物新品种为中心，加快推进具有重要育种价值的基因克隆及高效、安全、精准、规模化转基因技术研发，强化生物安全评价及检测监测技术研究，培育具有应用前景的转基因生物新品种（系），强化转基因产品的战略储备并逐步推进产业化。

五是基层农技推广体系改革与建设补助项目。2009年以来，中央财政累计投入205.7亿元。其中2012年以来每年投入26亿元，实施基层农技推广体系改革与建设补助项目。

六是中国农业科学院科技创新工程。2013年以来，中央财政累计安排35.94亿元支持科技创新工程。其中，2018年投入8.5亿元。主要任务是通过体制机制创新，优化学科布局，调整人才团队，完善科研条件，组织研究所和科研团队持续开展科研攻关，解决制约我国现代农业发展的科学和技术问题。

3. 国家重点研发计划在农业领域 9 个优先主题的任务落实情况

2016年2月以来，科技部整合了973计划、863计划、国家科技支撑计划、国际科技合作与交流专项，发改委、工信部共同管理的产业技术研究与开发资金，农业农村部、卫计委等13个部门管理的公益性行业科研专项等原来国家一系列重大科研计划，正式启动"国家重点研发计划"。该计划改变了对《规划纲要》提出的农业领域9个优先主题及其所属的技术方向进行一一对应立项的方式，对优先主题及其所属的各技术方向灵活地进行排列组合（或整合），从而设立了"七大农作物育种""化学肥料和农药减施增效综合技术研发""粮食丰产增效科技创新""现代食品加工及粮食收储运技术与装备""畜禽重大疫病防控与高效安全养殖综合技术研发""林业资源培育及高效利用技术创新""智能农机装备""农业面源和重金属污染农田综合防治与修复技术开发""蓝色粮仓科技创新"等 9 个专项，截至 2018 年共立项支持了 371 个项目，投入中央财政经费 116.71 亿元，从子项目内容看，基本覆盖了《规划纲要》提出的农业领域 9 个优先主题任务。

对照 9 个专项设立的子项目内容本质来看，9 个优先主题获得中央财政经费支持较多的分别是"环保型肥料、农药创制和生态农业""农林生态安全与现代林业"和"种质资源发掘、保存和创新与新品种定向选育"，立项支持较少的是"现代奶业"主题（图 3 和附录 3）。除"现代奶业"优先主题如"开发优质种公牛培育与奶牛胚胎产业化快繁技术，奶牛专用饲料、牧草种植与高效利用、疾病防治技术，开发奶制品深加工技术与设备"技术方向外，其他技术方向都有安排。

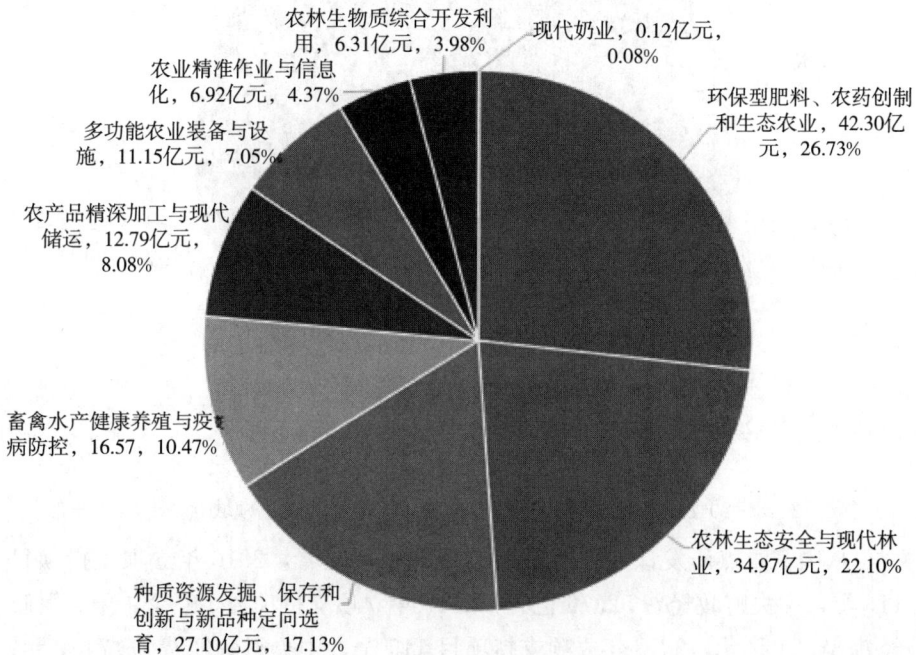

图 3　2016—2018 年国家重点研发计划在农业领域 9 个优先主题经费投入情况

从国家重点研发计划农业领域 9 个专项形式上看，2016—2018 年，"七大农作物育种"专项项目 51 个，合计 22.69 亿元；"化学肥料和农药减施增效综合技术研发"专项项目 49 个，合计 23.29 亿元；"粮食丰产增效科技创新"专项项目 38 个，合计 15.65 亿元；"现代食品加工及粮食收储运技术与装备"专项项目 44 个，合计 11.63 亿元；"畜禽重大疫病防控与高效安全养殖综合技术研发"专项项目 63 个，合计 14.22 亿元；"林业资源培育及高效利用技术创新"专项项目 26 个，合计 7.83 亿元；"智能农机装备"专项项目 49 个，合计 9.77 亿元；"农业面源和重金属污染农田综合防治与修复技术开发"专项项目 35 个，合计 6.15 亿元；"蓝色粮仓科技创新"专项项目 16 个，合计 5.49 亿元（图 4 和附录 3）。

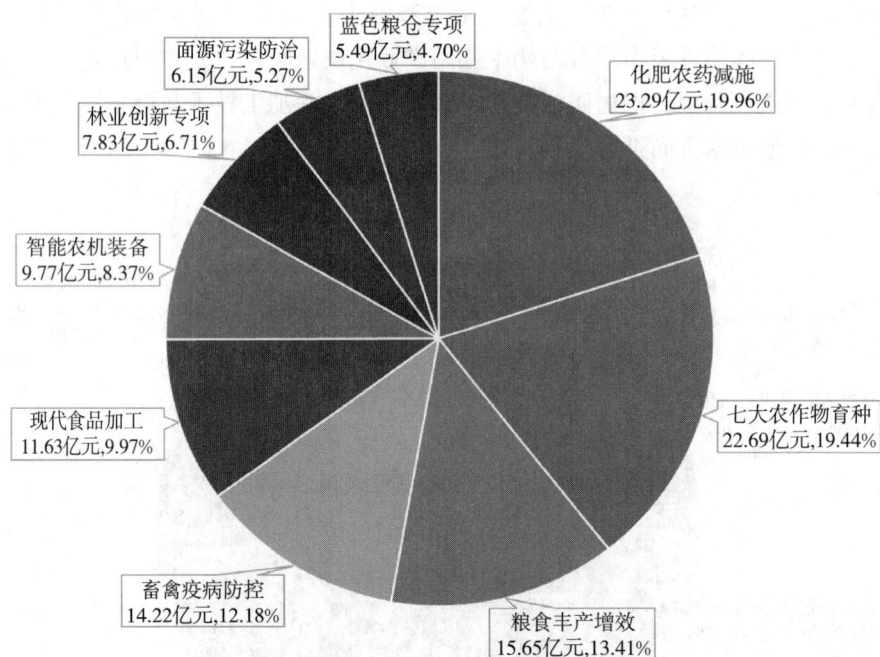

图 4　2016—2018 年国家重点研发计划中央财政经费在农业领域 9 个专项的分布

从国家重点研发计划农业领域年度立项情况看，2016 年立项支持项目 116 个，中央财政经费 52.76 亿元，2017 年立项支持项目 140 个，中央财政经费 38.21 亿元，2018 年立项支持项目 115 个，中央财政经费 25.74 亿元；平均每年立项支持 124 个项目，平均经费为 3 145.89 万元；2016—2018 年，立项总经费呈递减趋势。不同专项、不同年份，国家重点研发计划立项支持项目个数和中央财政经费情况详见图 5 和附录 3。

从各专项情况来看，国家重点研发计划项目在农业领域共设立 9 个专

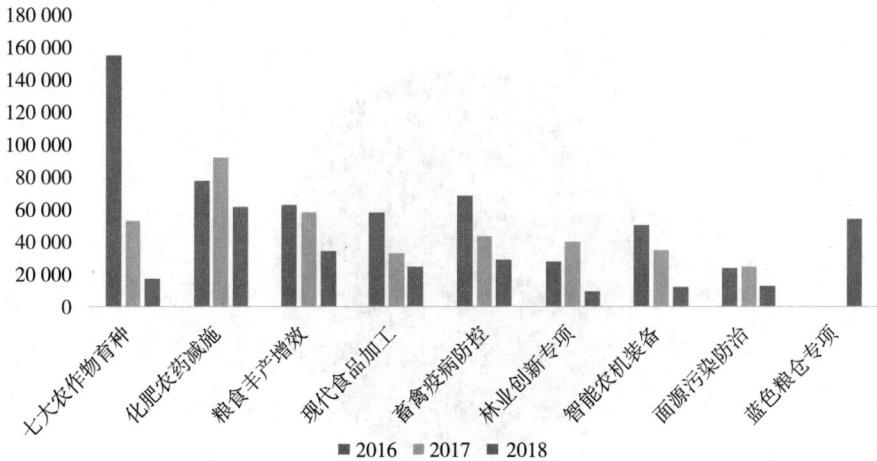

图 5　不同年份、不同领域国家重点研发计划中央财政经费分布

项，2016 年起设立专项 8 个，2018 年起设立专项 1 个（"蓝色粮仓科技创新"专项）。2016—2018 年，各专项中央财政经费累计排名前三位的分别是"化学肥料和农药减施增效综合技术研发""七大农作物育种"和"粮食丰产增效科技创新"，各专项中"蓝色粮仓科技创新"（2018 年起设立）经费最少；各专项累计设立项目数排名前三位的分别是"畜禽重大疫病防控与高效安全养殖综合技术研发""七大农作物育种""化学肥料和农药减施增效综合技术研发"和"智能农机装备"项目数最少"蓝色粮仓科技创新"（2018 年起设立）。各专项中项目平均经费排名前三位分别是"化学肥料和农药减施增效综合技术研发"（4 753.37 万元/个）、"七大农作物育种"（4 448.49 万元/个）和"粮食丰产增效科技创新"（4 117.42 万元/个），"农业面源和重金属污染农田综合防治与修复技术开发"每个项目平均经费最少（1 756.17 万元/个）。

从项目牵头承担单位情况来看，项目承担单位类型主要分为高校、科研院所和企业三种类型，其中科研院所牵头承担的项目 187 个，总经费 66.34 亿元（占比为 56.84%）；高校牵头承担的项目 134 个，总经费 39.28 亿元（占比为 33.65%）；企业牵头承担的项目 50 个，11.09 亿元（占比为 9.50%）（图 6）。从各专项的牵头承担单位来看，承担单位的类型也是以科研院所和高校为主（图 7 和附录 3）。

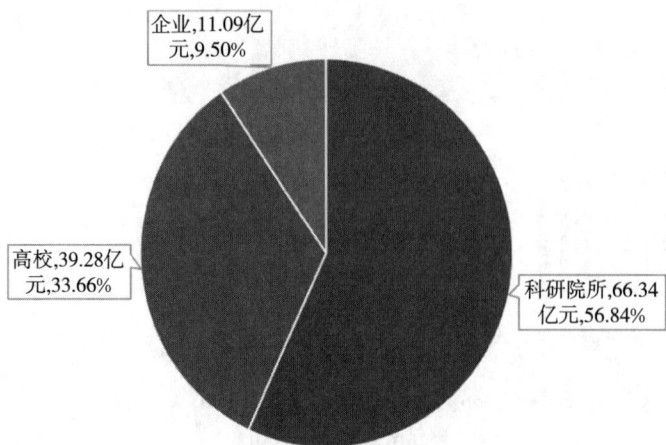

图 6　国家重点研发计划农业领域经费按牵头单位类型总体分布

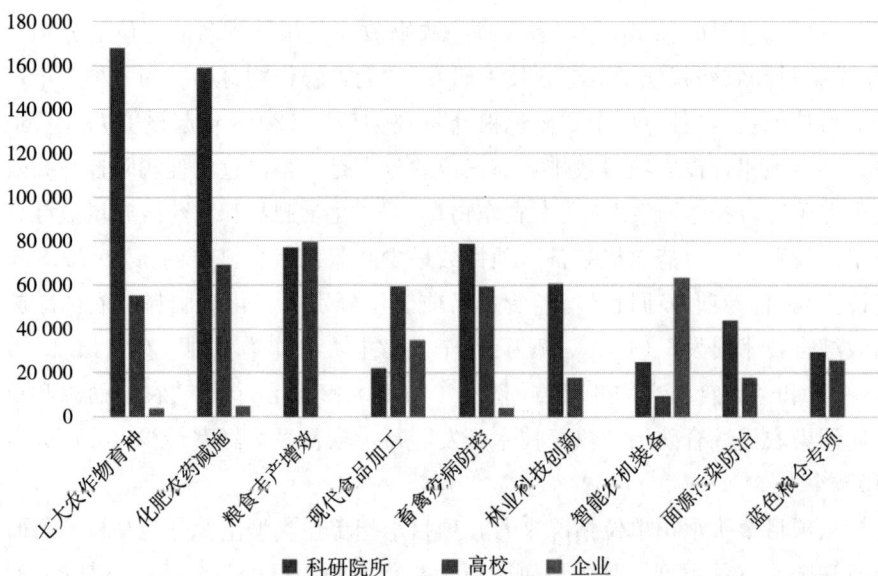

图 7　国家重点研发计划农业领域经费各专项按牵头单位类型分布（万元）

4. 农业科技投入强度情况

农业科技投入强度（指农业科技投入与农业总产值的比例）是反映农业

科研投入水平的重要指标。2005 年，农业科技投入强度已达到 0.49%，2006 年，农业科技投入强度为 0.51%；2007 年，农业科技投入强度为 0.54%；2009 年，农业科技投入强度为 0.37%；2015 年，农业科技投入强度为 0.34%；2016 年，农业科技投入强度为 0.36%；2017 年，农业科技投入强度为 0.38%；2018 年，农业科技投入强度已达到 0.39%。由此可见，《规划纲要》实施以来，我国每年的农业科技投入强度较实施前有较大增长，但呈现实施前期有较大增长、后期慢慢减弱的现象，离农业部制定的《农业科技发展规划（2006—2020）》中农业科研开发投入占农业 GDP 的比重提高到 1.5% 以上的目标有很大差距，与发达国家的农业科技投入强度差距更大（20 世纪 90 年代发达国家农业科研经费占农业总产值的比重为 2.37%，发展中国家的平均水平为 1.04%）。

本次调研评估（附录 7）显示，目前仍有较多的农业领域科研人员对于本人科研经费的状况不满意。262 位主要从事农业方面的科研工作者（应用领域）中，认为目前本人科研经费能够满足科研需求的仅占 5.52%，认为基本满足的占 46%，认为不满足的占 38%，甚至还有 16% 认为严重不足（高出全部受访科研人员中认为严重不足的比例 7%）。

5. 科研平台建设情况

2006 年以来，依托各类国家科研条件能力建设计划和项目，农业领域的国家级科研平台数量明显增长，农业领域已建成 15 个国家科技资源共享服务平台（占总数的 30%，2019 年）、65 个国家重点实验室（占总数的 18.11%，2016 年）、28 个国家工程实验室（占总数的 21.88%，2012 年）、85 个国家工程技术研究中心（占总数的 23.61%，2016 年）、11 个国家工程研究中心（占总数的 8.46%，2011 年）；40 个国家农业科技园区（至 2012 年，另有 33 个在建）；15 个涉农产业技术创新战略联盟试点。2006 年以来，新增各类国家级农业科技创新平台超过 300 个，有效支撑了农业科技创新和成果转化应用。

6. 人才团队建设情况

围绕应对国际科技竞争、建设农业科技强国和实施乡村振兴战略对人才的迫切需求，着力加强农业科技创新、推广服务和高素质农民"三支队伍"

建设。

一是通过多方支持，建设科研人才队伍。依托农业科技创新工程、科技专项、基本科研业务费等，加大农业科技创新领军人才、青年骨干人才和创新团队建设。实施农业科研杰出人才培养计划，先后于2011年、2012年、2015年遴选了300名农业科研杰出人才，每年每人稳定支持20万元专项经费，用于自主创新、团队培养、学术交流和出国进修等。依托现代农业产业技术体系，围绕产业发展相关科技问题开展科学研究、技术攻关和试验示范，稳定支持培养50位首席科学家、1 370位岗位科学家和1 252位综合试验站站长。依托农业农村部37个学科群、646个重点实验室，培养农业科研和数据监测分析骨干队伍。打造国家农业科技创新联盟，吸纳省地农牧业科学院、农业高校、涉农企业参加，构建了多学科集成、上下游一体、大兵团作战的创新机制，启动了一批全国性协同创新项目，推动农业全产业链不同环节的科技人才开展协同创新，培养出大批科研骨干力量。充分调动发挥国家农业各大科研机构的积极性、创造性，组织扶持中国农业科学院、中国水产科学研究院、中国热带农业科学院，立足实际本单位实际，实施了"科技创新工程""青年人才工程""5511人才工程""热带农业十百千人才工程"，大批优秀科研人才得到培养扶持。

二是通过多种手段，建设推广人才队伍。实施"万名农技推广骨干人才培养计划"，组织农业技术推广骨干到现代农业产业体系、农业科研教学单位进行访问研修，完成1万名农技推广人才的全员轮训，其中1 800名骨干人才培养成为本地农技推广工作的首席专家。建立农业技术推广人员培训长效机制，实施基层农技推广人员知识更新培训工程，依托国家基层农技推广体系改革项目，大规模开展知识更新培训，切实提升基层农技推广人员的服务能力和水平；实施农业重大技术协同推广计划、农业技术人员学历提升等人才计划，全方位、多角度培养技术推广骨干人才，基层农业技术推广人才队伍整体素质明显提升。以定向委培、技能大赛等形式，提高推广人员专业水平。建立农牧渔业丰收奖等奖励制度，调动广大农业技术推广人员积极性。通过政府购买服务等支持方式，从农业乡土专家、种养能手、新型农业经营主体技术骨干、科研教学单位一线服务人员中招募特聘农技员，培养出一批能够精准服务产业需求、善于解决生产技术难题、积极带领贫困户脱贫的服务力量。从2018年起，开始全面实施农技推广服务特聘计划。

三是通过多层培训，建设高素质农民队伍。实施高素质农民培育工程，中央财政每年投入 22 亿元，每年培育 100 万爱农业、懂技术、善经营的高素质农民。实施农业经理人培育、现代青年农场主培养、新型农业经营主体带头人轮训和农村实用人才带头人培训等四大计划，培养一批农村留得住、干得好的"田秀才""土专家"。

但是，农业科技人才队伍建设水平与我国农业大国和农业农村基础性地位很不匹配，与世界农业强国相比，我国农业科技水平总体落后 20 年左右，在农业科研人才和科技发展水平两大方面存在较大差距。一是高层次人才供给不足。从总量上看，全国农业科研人才资源总量仅为 45 万人，其中正高级以上专业技术人才只有 1.5 万人，仅占总量的 3.3％；每万名农村人口拥有农业科研人员仅为 8 名，而日本为 100 名、荷兰为 200 名。从质量上看，科研创新领域的国际领军人才和创新团队严重缺乏，尤其在生物种业、低碳农业、生物质能源等方面。党的十八大以来，新晋两院院士 363 人，其中农业领域两院院士 25 人，仅占 6.8％；2018 年 4 039 人享受国务院政府特殊津贴，其中在农业领域 231 人，占比仅到全国的 5.7％；2017 年 411 人入选国家百千万人才工程，其中，农业领域 36 人，占比仅到全国的 8.7％。在2017 年科睿唯安公司发布的"高被引科学家"名单中，农业和生物科学领域中国学者共 9 位，仅占该领域总量的 5.8％；在 2016 年美国汤森路透集团公布的全球"高被引科学家"名单中，农业科学、植物与动物科学领域中国学者共 4 位，仅占该领域总量的 1.3％。从结构上看，青年杰出人才更为匮乏、青黄不接。例如，中国农业科学院研究员平均年龄 51 岁，农业科研杰出人才的平均年龄达 52 岁，近 2/3 的领军型人才超过 50 岁。中国农业大学教授平均年龄 50 岁，75％的领军型人才超过 50 岁。70 后甚至 80 后的农业科研人才缺少机会，缺乏培养。

7. 国际合作情况

2006 以来，农业领域相关的主要部门组织国内单位与国际组织、其他国家和国际企业间，开展了卓有成效的国际科技合作。据统计，科技部、农业农村部、林业局、粮食局与联合国开发计划署（UNDP）、国际植物新品种保护联盟（UPOV）等 4 个国际组织开展了科技合作项目或培训；与欧美及亚非拉等十几个国家组建联合实验室或进行合作研究；与比尔及梅琳达·

盖茨基金会及多家美国知名企业，合作开展研究或培训等。此外，科技部在国际科技合作专项中给予了农业领域项目大力支持，农业领域项目数和中央财政经费数分别占总数的 15.5% 和 12.0%。农业部、林业局和水利部，还继续通过引进国际先进科学技术计划（948 计划），直接引进国外农业领域的先进技术。

这些实践，一方面进一步强化了农业领域科技的国际合作关系。如科技部参与推动科技部比尔及梅琳达·盖茨基金会的合作，确定了"主要作物育种"等 7 个优先领域；另一方面强化了引进基础上的消化吸收再创新。围绕保障农产品安全供给、推动现代农业产业技术升级和提升农业可持续发展能力，坚持技术引进与原始创新、集成创新相结合，继续加强关键和核心技术、前瞻性技术引进，注重开展高端人才、新理念、新方法等软技术的引进，拓展和深化农业科技国际合作与交流。同时，还强化了参与意识及在相关方面取得主动权。通过与欧美国家有关科研院所在疫病诊断、流行病学研究、实验室生物安全等领域开展的多项务实合作，提升了国际科技合作中的主动权。

8. 体制机制创新情况

组织实施了现代农业产业技术体系、国家农业科技创新联盟、国家现代农业产业科技创新中心、中国农业科技创新工程、农技推广服务特聘计划、农业科研杰出人才培养计划等（附录 6），创新农业科技体制机制，实现了重大政策突破。

（1）现代农业产业技术体系

2007 年，农财两部在对我国农业发展基本状况、农业科技创新能力和科技资源布局全面系统调研、充分借鉴国际科技管理经验的基础上，启动建设了现代农业产业技术体系（以下简称"体系"）。经过十余年的建设与发展，体系成功摸索出一整套政府顶层设计、专家自我管理、技术用户评价的科研管理模式，在推动科技与经济有效对接方面取得显著成效。2016 年，中国科学院第三方评估中心对体系进行了绩效评估，认为这是我国农业科技领域的一项重大管理创新，是促进农业科研与生产紧密结合的有效途径，是建立全国范围内农业科研协同创新内生机制的成功探索。在 2018 年农业农村部、科技部联合开展的农业农村科技改革创新专题调研中，专家、基层推广人员、省地科教单位、农业行政主管部门均对体系给予充分肯定和高度赞扬，认为这是近十多年来我国最成功的科技管理创新和机制创新，是在中国体制下促进科技与经济深度融合、实现科技协同创新的典型模式。

（2）国家农业科技创新联盟

国家农业科技创新联盟（以下简称"联盟"）是为了深入贯彻乡村振兴战略和创新驱动发展战略，由农业农村部主导，中国农业科学院牵头，国家、省和地市三级农（牧）业、农垦科学院，涉农高校和部分农业企业共同组成的全国农业科技协同创新组织。自 2014 年以来，联盟以增强农业科技自主创新能力、破除体制机制障碍为目标，聚焦农业全局性重大战略、产业共性技术难题和区域性农业发展重大关键问题等，通过科技资源共享、协同机制创新、科技任务牵引等手段，集聚了全国农业科技优势资源和力量，初步构建了产学研用紧密结合、上中下游有机衔接的协同协作机制，搭建了集中力量办大事、集中资源克难事的平台和载体。截至目前，已建立 70 余个专业联盟、产业联盟和区域联盟，基本覆盖了基础性、行业性、区域性重大科技和产业问题，在创新运行机制、推动产业变革、解决重大技术瓶颈等方面有创新、有突破、有贡献，在全国已经有了不小的影响，产生了较强的凝聚力和号召力。

（3）国家现代农业产业科技创新中心

2017 年农业部在全国范围布局建设国家现代农业产业科技创新中心（以下简称"科创中心"）。通过优化农业科技资源配置、搭建科技经济融合平台、创新农业产业发展体制机制，助力区域农业产业转型升级，带动地方经济发展，打造一批"农业硅谷"和区域经济新增长极。已先后批复江苏南京、山西太谷、四川成都和广东广州 4 个科创中心，还有 7 个省份以省政府来文申请在本省建设围绕某一主导产业的科创中心。

（4）中国农业科学院农业科技创新工程

中国农业科学院农业科技创新工程是农业农村部和财政部为中国农科院更好发挥国家战略科技力量作用而量身打造的国家工程，目的是以机制创新撬动院所改革，以稳定支持增强创新能力，以重大成果驱动农业农村发展。中国农业科学院将创新工程作为"头号工程"，大刀阔斧进行改革，调整优化学科布局，加大人才引进力度，完善科研支撑条件，深化国际交流合作，稳定支持科研团队持续攻关，科技创新取得长足进步。从外部同行专家、管理专家评估意见和定量数据对比分析可以看出，随着创新工程实施，全院精神面貌焕然一新，院所发展定位更加聚焦，创新能力全面增强，创新效率大幅提升，创新成果不断涌现，改革排头兵、创新国家队、决策智囊团地位与作用愈发凸显。

（5）农技推广服务特聘计划

按照2018年中央1号文件"全面实施农技推广服务特聘计划"的部署，农业部完善政策措施，加强调研指导，抓紧在国家扶贫开发工作重点县和集中连片特殊困难地区县以及其他有意愿的地方实施特聘计划。经商财政部同意，农业部办公厅印发《在贫困地区开展农技推广服务特聘计划试点实施方案》，在5个省的7个贫困地区开展特聘计划试点，通过政府购买服务的方式，从农业乡土专家、种养能手、新型农业经营主体技术骨干、科研教学单位一线服务人员中招募一批特聘农技员，承担公益性和公共性农技推广任务，弥补基层公益性服务供给不足。经过各方面努力，特聘计划试点工作扎实有序推进，已有263位优秀人员被招募（招录）为特聘农技员，并在贫苦贫困地区产业扶贫一线扎实开展服务。从试点情况来看，特聘计划的实施为产业扶贫提供了有力的人才支持，为基层农技推广体系建设探索了新路径，得到了基层政府和农业部门的认可，受到农民群众的欢迎。

（6）农业科研杰出人才培养计划

"现代农业人才支撑计划"的子计划由农业部门组织实施，旨在建立一支学科专业布局合理、整体素质能力较强、自主创新能力较强的高层次农业科研人才队伍，计划从2011年至2020年，在全国选拔培养300名农业科研杰出人才，建立300个农业科研优秀创新团队（每个团队10名左右成员），并给予必要的经费支持。该计划于2011年启动。先后于2011年、2012年、2015年共评选产生300名农业科研杰出人才。通过提供专项资金支持、开展培训交流、加大政策扶持，创新团队建设日益完善，科技成果不断涌现，业内国际影响力稳步提高，已成为农业领域大专家、大成果的培育孵化器，树立了人才培养工程的国家级品牌，为乡村振兴战略实施和农业农村现代化提供了强有力的人才支撑。截至2017年底，该计划评选的300名农业杰出科研人才主持国家级重大科研项目436项，作为第一完成人获得国家科技奖励78项，获得省部级科技奖励447项，发表SCI、EI论文7 118篇，在Science、Nature、Cell等国际高水平期刊发表论文37篇；有8人当选为两院院士，66人入选"万人计划"，112人入选国家"百千万人才工程"，31人入选"长江学者"，50人获得国家杰出青年基金。

（三）对部署和落实情况的判断

《规划纲要》发布以来，各部门、地方政府积极响应、认真组织落实，制定了相应的科技发展规划或政策，设立了一系列与之相关的科技计划和工程，较大幅度地增加了农业科技投入，全面落实了《规划纲要》部署的农业领域各优先主题任务。具体表现为：

1. 部门和地方认真做出响应，为《规划纲要》实施并取得预期成效提供了有效保障

《规划纲要》发布后，各部门、地方高度重视，"十一五""十二五""十三五"发布了大量相关科技发展或行业/产业发展规划，对农业科技工作进行了较系统的部署。多数涉及农业领域的其他科技发展规划，围绕不同优先主题安排了科技任务和重大项目；一些行业或产业发展规划，也涉及某些优先主题。多个部委还发布了大量有关农业科技、行业或产业发展等指导性文件，进一步保障规划的有效落实。31个省、自治区和直辖市和新疆生产建设兵团发布的科技发展规划中，都有农业领域相关的任务部署，分别涉及多个优先主题，并做出了重大项目安排。同时，地方也配合出台了一些相关的指导性文件。这些规划和指导性文件，为"十一五"以来农业科技工作的快速发展奠定了基础。

2. 紧密结合《规划纲要》落实任务部署，同时注重体现现代农业发展要求

国家和部门的各类科技计划，特别是"十一五"以来，进一步调整了发展思路的863计划和支撑计划，是落实《规划纲要》任务部署的主要资助渠道。各类国家、部门和地方科技计划安排的涉农项目，大多与农业领域优先主题的内容密切相关。特别是863计划和支撑计划，基本上全面落实了农业领域9个优先主题的各项任务。同时，各部门和地方在任务安排方面也注重结合现代农业发展要求，体现出一定的灵活性。如支撑计划在2008年汶川地震后应急启动了"灾后重建"应急项目；针对近年来农田污染加剧等问题，在行业科技专项中大幅度增加了对重金属污染农田治理等的支持力度等。

3. 平台基地和人才团队建设进一步强化

2006年以来，依托各类国家科研条件能力建设的计划和项目，农业领域的国家级科研平台数量明显增长。农业农村部、林业局、粮食局、水利部、气象局等多个农业领域相关部门也积极开展了科技平台与条件建设。调研评估显示，大部分主要开展农业领域研究的单位，近年来科研基础条件得到了较大改善；多数科研人员对本单位的科研基础设施表示基本满意或满意。结合《规划纲要》的实施，按照国家人才规划的相关要求，各部门和地方进一步强化了人才队伍建设。我国农业领域的科研人员数量呈大幅增长趋势，人才队伍不断优化，初步形成了梯次较合理的人才团队格局。但是，目前国内农业领域的中高端人才仍显不足。

4. 部门和地方的支撑保障措施到位

2006年以来，农业领域相关的主要部门，积极组织国内单位与国际组织、其他国家和国际企业，开展了卓有成效的国际科技合作；强化了整合国内农业科技资源，建立了各类协同创新机制；进一步加强了定向委托和自主选题相结合、稳定支持和适度竞争相结合；不断改进计划管理方式，使之更加适应农业科研规律和需求；进一步探索科研评价激励机制，坚持分类评价，注重解决实际问题。这些支撑保障措施，为《规划纲要》的全面贯彻落实提供了有效保障。

（四）《规划纲要》主要实施效果

2006年以来，通过贯彻落实《规划纲要》并组织一系列科技项目，大幅度提升了农业科技创新能力，缩短了与国际先进水平的差距，由以跟跑为主，转变为跟跑、并跑、领跑并行，跻身世界第二方阵前列，国际影响力和竞争力日益提升。

1. 自主创新能力显著提升

一是加强基础与前沿研究，提升原始创新能力。农业基因组学等基础研究处于世界先进水平，其中水稻、黄瓜等世界领先；以转基因生物新品种培育为代表的生物技术取得突破性进展，具有自主知识产权的转基因抗虫棉种植面积占比超过 96%，彻底改变了跨国公司一统中国市场的局面；在农作物遗传发育与抗性机理、动物疫病防控等方面突破一批重大基础理论和方法，禽流感病毒演变、跨种间传播与流行规律研究处于世界领先。

二是加强关键技术创新，突破产业发展瓶颈。人多地少水缺的基本国情，决定了依靠科技进步提高单产水平是确保我国粮食安全的根本出路。超级稻新品种百亩*连片实现亩产1 026.7千克，杂交玉米新品种百亩方实现亩产 1 151.65 千克，这些重大技术储备为"藏粮于技"奠定了坚实基础。畜禽水产品种良种化、国产化比例逐年提升，蛋鸡良种国产化率超过 50%，奶牛良种覆盖率达 60%。

三是加强绿色技术集成，提高综合应用水平。开展粮棉油糖绿色高产创建，大力推广园艺作物标准化生产、畜禽标准化规模养殖和水产品健康养殖模式，集成推广"畜-沼-果""果-菜-茶""稻-鱼（蟹虾）"等生态种养循环技术模式，以小龙虾为代表的全产业链开发与产业模式迅猛发展。基本实现化肥农药减量施用零增长或负增长，主要农作物病虫害绿色防控覆盖率达到 24.2%，统防统治率达到 34.2%，蔬菜、畜禽产品和水产品例行检测合格率达到 96% 以上。

四是加强科研平台建设，夯实科技创新基础。建设了农作物基因资源、生物安全两个重大科学工程和水稻生物学等 38 个国家重点实验室。建设了以综合性重点实验室为龙头、专业性/区域性重点实验室为骨干、科学观测站为延伸，层次清晰、分工明确、布局合理的学科群重点实验室体系。目前，体系涵盖 37 个学科群、608 个重点实验室，具体包括 42 个综合性重点实验室、297 个专业性/区域性重点实验室、269 个农业科学观测实验站。

2. 科技支撑能力大幅度提升

截至 2018 年，我国主要农作物良种基本实现全覆盖，畜禽水产核心种质生产能力不断提升，取得超级稻、转基因抗虫棉、禽流感疫苗等一批突破

---

* 亩为非法定计量单位，15 亩＝1 公顷，下同。——编者注

性成果，农作物耕种收综合机械化水平达到 67%，农业科技进步贡献率达到 58.3%（图 8），为保障国家粮食安全和重要农产品有效供给、促进农民增收和农业绿色发展发挥了重要作用。

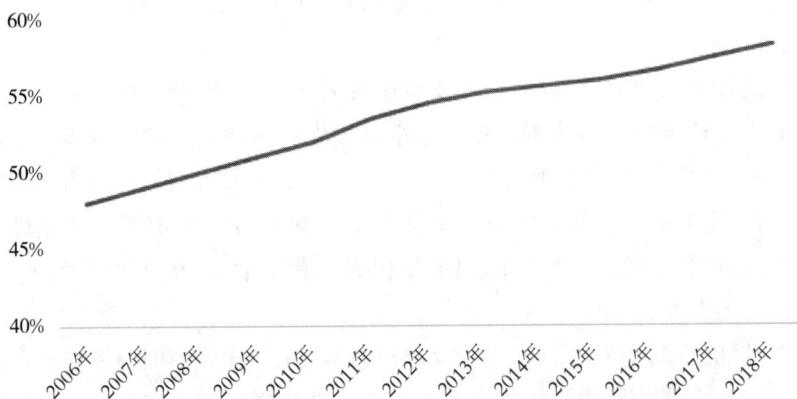

图 8　2006 年以来我国农业科技进步贡献率变化趋势

一是保障稳产增产，推动农业综合生产能力迈上新台阶。粮食产量由 2006 年的 45 264 万吨增加到 2018 年的 65 789 万吨，棉油糖、果菜茶、肉蛋奶、水产品等主要农产品的产量逐年提高，肉类产量由 2006 年的 6 106 万吨提高到 2018 年的 8 000 多万吨，农业综合生产能力迈上新台阶，粮食单产提高对总产量增加的贡献占 2/3 以上；农民人均年纯收入从 2006 年的 3 587 元增加到 2018 年的 14 600 元，农村贫困人口生存和温饱问题基本得到解决。在耕地、淡水等资源约束加剧的情况下，科技对粮食单产水平提高的贡献不断加大。品种上，培育推广了超级稻、节水抗旱小麦、双低油菜、转基因抗虫棉等一大批新品种，畜禽水产品种良种化、国产化比例逐年提升。技术上，推广了粮食稳产增产、农业防灾减灾、农机农艺融合、农产品储运保鲜等先进适用技术。2010 年起，测土配方施肥技术实现全覆盖。模式上，开展粮棉油糖高产创建，发展园艺作物标准化生产、畜禽标准化规模养殖和水产品健康养殖，建成一批农业科技园区、专家大院、科技小院、科技创新和集成示范基地等。

二是支撑结构调整，推动农业供给侧结构性改革取得新进展。适应现代农业发展和农业供给侧结构性改革新要求，发挥科技引领作用，推动农业结构调高、调优、调精、调绿。科技布局方面，围绕粮改饲、草食畜牧业、南方水网地区生猪养殖布局等农业结构调整重点领域，统筹各类科技力量集中攻关。围绕东北黑土地保护、秸秆综合利用、南方稻区重金属污染综合防控等区域性重大科技问题组织开展协同攻关。科技供给方面，面向北方农牧交错带地区、"镰刀弯"地区、华北地下水超采"漏斗区"、南方水网等重点区域，研发推广了一批粮改饲、粮豆轮作、种养循环、休耕轮作等新技术新模式。小杂粮、优质饲草等品种培育取得新突破。技术服务方面，基层农技推广人员和科技特派员进农场、进合作社、进企业开展多种形式的指导服务，推进技术进村、入户、到田。高校、科研机构、企业积极开展推广应用，航空植保、跨区机收等新型专业化社会化服务组织蓬勃发展，"一主多元"的农技服务体系正在形成。

三是促进转型升级，推动农业发展方式实现新转变。用现代技术、设施、装备武装农业，推动农业现代化水平不断提升。推进农业机械化，农机作业向产前、产中、产后全过程拓展，由种植业向养殖业、农产品加工等领域延伸。轻简化省力化栽培、全程机械化步伐加快。200马力级拖拉机技术获得自主知识产权并进入产业化阶段。国产采棉机适合新疆"矮、密、早"种植农艺，实现技术自主化，产品从完全依赖进口到市场占有率达30％。农业机械高效智能、节约环保、舒适便捷和个性专业方向不断发展。共享农机、北斗导航农机无人驾驶等新形式层出不穷。推进农产品加工，在粮油产后减损及绿色储运、农产品加工、鲜活农产品保鲜与物流等领域部分核心技术与装备取得重大突破，有力支撑了我国农产品加工储运关键成套装备国产化，其中，粮食储运流通损失损耗率不超过3％，达到国际领先水平。推进农业绿色化，大力推广重金属生物消解、化肥农药减施技术和农作物秸秆、农膜残留、畜禽粪便等农业废弃物综合利用技术。畜禽粪污综合利用率和秸秆综合利用率均达到60％以上。2017年，全国农用化肥使用量5 859.4万吨（折纯），比2016年减少124.7万吨，化肥使用量下降幅度进一步扩大。经测算，2017年我国水稻、玉米、小麦三大粮食作物化肥利用率为37.8％，比2015年提高2.6个百分点。2018年测土配方施肥技术覆盖率达到85％，2008年为47％，2000年仅为9％。中国成为继美国、日本、德国、瑞士、英国之后第六个具有独立创制新农药能力的国家。高毒农药淘汰成效显著，农药低毒化趋势明显，微低毒产品比例超过84％，高剧毒产品比例降至1％。清理取缔涉渔业"三无"船舶3万余艘、"绝户网"90多万顶。推进农业信息化，开展"互联网＋"现代农业发展行动，总结推广了400余项节本增效农业互联网软硬件产品、技术和模式。农产品电子商务蓬勃发展，2017年农产品网络零售交易额超过2500亿元。启动实施信息进村入户试点，试点范围覆盖26个省份的116个县，建成运营益农信息社近8000个，农业现代化搭上了信息化的快车。

四是助力脱贫攻坚，推动农民生活水平实现新提升。强化科技引领示范作用，大力推进农村创新创业，持续拓展农民增收渠道。科技支撑脱贫攻坚取得决定性进展，积极培育农民增收新增长点，建设1000多个农村双创园区（基地），认定62个特色农产品优势区，各类返乡下乡创业人员超过700万，集中连片特困地区内生发展动力显著增强。农村一二三产业融合加快推进，建立农产品加工标准体系，推广农产品保鲜、储运、加工等技术，农产品加工业与农业产值之比达到2.2：1，农业产业链不断延伸、价值链得到提升。农业功能进一步拓展，积极发展休闲农业、创意农业、观光农业、乡村民宿、特色小镇等新业态，创建了一批特色生态旅游示范村镇和精品线路，2017年全国休闲农业和乡村旅游经营收入超过6000亿元，年接待游客20多亿人次。

3. 新型国家农业科技创新体系基本建立

目前，我国初步建立起了涉及农业产前、产中、产后不同领域，中央、省、地、县、乡不同层次，较为系统的农业科研体系、技术推广体系和农民教育培训体系。

（1）农业科研体系情况

我国农业科研体系，主要包括体制内的中央级和地方各级各类农业科研机构，以及涉农企业研发机构。

截至2017年底，全国地市级以上（含地市级）农业部门所属全民所有制独立研究与开发机构（不含科技情报机构，以下简称"科研机构"）共有1035个，其中部属科研机构71个，省属科研机构437个，地市属科研机构527个。部属、省属和地市属科研机构数量分别占科研机构总数的6.86％、42.22％、50.92％。种植业、畜牧业、渔业、农垦、农机化科研机构分别占科研机构总数的64.54％、12.75％、9.47％、4.35％、8.89％（表2）。

表2　2017年全国农业科研机构数

隶属关系	管理系统					合计
	种植业	畜牧业	渔业	农垦	农机化	
合计	668	132	98	45	92	1 035
农业农村部属	30	12	13	14	2	71
省属	279	69	35	29	25	437
地市属	359	51	50	2	65	527

2017年全国农业科研机构开展对外科技服务活动工作总量3.44万人年，比上年同比增加了7.52%，其中科技成果的示范性推广工作量比较大，占科技服务活动工作总量的36.37%。从隶属关系看，省属科研机构对外科技服务量最大，占科技服务工作量的42.87%；从行业看，种植业对外科技服务量最大，占科技服务活动总量的69.05%；在部属"三院"中，中国农业科学院开展对外科技服务活动工作总量最大，占部属"三院"开展对外科技服务活动工作量的52.76%（表3）。

表3　2017年全国农业科研机构对外服务情况（单位：次）

隶属关系	服务类别						
	科技成果示范性推广	技术咨询	日常观察	检验检测专利服务等	信息文献服务	科技培训	其他科技服务活动
农业农村部属	1 798	999	126	990	165	1 796	689
省属	5 445	1 605	55	1 329	368	3 790	2 161
地市属	5 274	1 171	66	430	444	3 563	2 148

此外，中国科学院所属所中有31个涉农研究机构，从事相关农业科学技术研究。

据中国农业企业名录显示，我国农业企业有170多万家。在这些企业中，经农业农村部认定的农业产业化国家重点龙头企业共1 131家。其中，山东省85家，四川省58家，河南省、江苏省各55家。以2016年营业收入6.11亿元为基准，农民日报社组织评选出农业产业化国家重点龙头企业500

强。全国 31 个省（自治区、直辖市）中，高于 45 亿元营业收入的龙头企业有 103 家，营业收入为 15 亿~45 亿元的龙头企业有 188 家。排名前三的企业分别为：正邦集团有限公司、长沙马王堆农产品股份有限公司、新希望集团有限公司。截至 2017 年，我国上市公司合计 3 034 家企业，涉农类（不包含茶类）企业 121 家，占比约 4%。在农业上市公司中，食品制造业占涉农类上市公司的 31%，食品加工业同样占比 31%，这表明我国农业产业化龙头企业主要分布在食品行业。另外，农业种植业占比 13%，仅次于食品制造业与食品加工业，主要集中在粮食、油料等作物的种植；畜牧养殖业占比 12%，渔业养殖业占比 8%，林业种植业占比 3%，其他 2% 为相关服务业（表 4）。

表 4　2017 年我国涉农类上市公司类型分布（不含茶类）

类　型	占比（%）
食品制造业	31
食品加工业	31
农业种植业	13
牧业养殖业	12
渔业养殖业	8
林业种植业	3
相关服务业	2

数据显示，2017 年涉农高新技术企业在全国高新技术企业中占比 8.6%，营业收入占比 5.4%，大部分涉农企业研发投入不足 1%。近年来，通过加强种业科技创新顶层设计，启动实施了《"十三五"国家科技创新规划》《主要农作物良种科技创新规划（2016—2020 年）》《主要林木育种科技创新规划（2016—2025 年）》，以及"七大农作物育种"重点专项和"种业自主创新"重大工程等，国内种子企业研发投入明显增强。据统计，国内排名前 50 的种子企业每年研发投入超过 15 亿元，占销售收入的 7.5% 左右，接近国外大公司的研发投入强度。加大研发投入，带动了种子企业的技术创新能力。国内种子企业和自身相比，新品种保护的申请量比过去五年翻了一番。目前国家审定的玉米品种超过一半是企业选育的，水稻有超过 2/3 的品种来自企业。

（2）农业技术推广体系

党中央、国务院高度重视农技推广体系改革与建设，2012 年中央 1 号文件出台了"一个衔接、两个覆盖"等重大政策，2013 年《中华人民共和国农业技术推广法》完成修订并正式实施，为农技推广体系发展提供了有力保障。近年各地认真贯彻落实中央有关决策部署，大力推进农技推广体系改革与建设。目前，我国初步建立了以国家农技推广机构为基础，农业科研教学单位、新型农业经营主体、专业化服务组织等广泛参与、分工协作的农技推广体系，改变了以往"线断、网破、人散"的局面，呈现干事有队伍、工作有场所、推广有经费、服务有手段的良好态势。

农业农村系统所属种植业、畜牧兽医、水产、农机化四个行业共设立国家农技推广机构 7.49 万个，其中基层农技推广机构 7.23 万个（县级 1.82 万个、乡级 5.41 万个）。现有编制内农技人员 51.16 万人，实有人员为 54.14 万，67.58% 具有大专及以上学历，75.24% 的具有初级及以上技术职称。

全国涉农高等（高职）院校共有 504 所（涉农专业高等本科院校有 466 所，农业类高职院校 38 所），有农业科技人员 4.1 万人（涉农专业高等本科院校 3.4 万人，农业类高职院校 0.7 万人），其中主要从事技术推广的科技人员有 0.73 万人，占总数的 17.7%。全国农业科研机构有 1 000 多家，共有科技人员 7.4 万人，大多数从事应用研究的科技人员开展一些农技推广服务工作。

全国新型农业经营主体共 310 万家，注册家庭农场已经达到 87.7 万个，登记注册农民合作社 188 万家，各类产业化农业经营组织 38.6 万个，其中龙头企业 12.9 万家。大多数新型农业经营主体在生产经营中结合自身发展需要，通过与服务对象建立利益联结机制，开展多种形式的农技推广服务。

随着农业生产标准化、经营规模化快速发展，从事统耕统种统收、病虫害统防统治等农业生产服务业的专业服务组织不断发展壮大，成为农技推广服务的重要力量。

（3）全国农民教育培训体系情况

2013 年，农业部印发《关于加强农业广播电视学校建设加快构建新型职业农民培育体系的意见》（农科教发 [2013] 7 号），经过近 7 年的实践与发展，在相关工程项目的助推下，全国农民教育培训体系不断健全，目前已基本形成党委政府主导，农业农村部门牵头，公益性专门机构为主体，多方资源和市场力量共同参与的农民教育培训体系。

在农业广播电视学校（以下简称"农广校"）方面，截至 2018 年底，全国共有省级校 34 所，地（市）级校 280 所，县级校 1 922 所，形成了从中央到省、地（市）、县互相衔接、上下贯通的四级建制和乡村教学点五级办学体系。

在涉农职业院校方面，据 2017 年全国教育事业统计数据显示，全国共有农业高职院校 40 所，涉农高职院校 190 所，农业中职学校 1 596 所，涉农中职学校 1 358 所，涉及农业领域农、林、牧、渔、服务业五大类别。

在农技推广机构方面，我国农业技术推广机构主要包括农业部门下属种植业、畜牧兽医、渔业、农机和农业经营管理等五大类共 7 万余个，从业人员 50 多万人。

在市场力量方面，目前全国农业龙头企业、农民合作社、家庭农场等总数已经超过 300 万家，培育基地库入库 1.43 万个，包括实训基地 9 115 个、农民田间学校 2 758 个、创业孵化基地 327 个和综合类基地 2 113 个，强化开展实践育人。

4. 基层农技推广服务效能不断提升

2018 年，全国农业主推技术到位率超过 95%，为农业农村经济发展提供了有力的科技支撑。

一是围绕保障粮食有效供给，示范推广了一批重要农作物优质绿色高效技术模式。围绕水稻秸秆还田与耕地地力提升，通过水稻—蚯蚓种养结合生态循环模式构建，形成可复制推广的产业技术体系，示范区稻田化学肥料用量减少 25%，化学农药用量减少 20%，综合效益提高 20% 以上。

二是围绕推动农业产业结构调整，示范推广了一批特色综合种养模式和产业提质增效技术。围绕"镰刀弯"地区削减籽粒玉米面积的刚性要求，通过技术示范带动和指导服务，推动了杂粮杂豆、青贮玉米等高附加值产业的快速发展。

三是落实中央推进农业绿色发展的部署要求，示范推广了一批等资源节约型、环境友好型的清洁生产技术。稻田生态种养技术年推广应用 2 000 多万亩，有效减少了化肥农药使用、改善了生态环境，也生产出更多的优质安全稻米、水产品和畜产品。

四是建设信息化平台，推动专家教授、农技人员和农业生产经营者在线学习、互动交流，提高农技推广服务的覆盖面和有效性。建设运行"中国农技推广"Web 端、APP、公众号，打造集信息发布、系统管理、技术服务于一体的闭环式农技推广服务信息化平台，为各级农业农村管理部门、农技人员、专家和广大农业生产经营者提供通知资讯、填写工作日志、在线学习、互动问答、成果速递、服务对接等高效便捷服务。平台通过推动农技人员填写工作日志、报送农情信息以及有效问题解答等，积累了农业农村和农技推广高质量数据信息。平台现有100万用户，其中专家6 000多人、农技人员35万人，累计上报有效日志608.4万条、有效农情93.1万条、有效解答2 553.9万条。

5. 科技有效促进绿色发展成效显著

"一控两减三基本"工作持续推进，农业面源污染加剧的趋势得到有效遏制，农业绿色发展和生态文明建设取得重大进展。

一是节水农业加快发展。落实最严格的水资源管理制度，建立11个高标准节水农业示范区，节水农业技术应用面积超过4亿亩。在东北、华北、西北等地大力发展旱作农业，改善田间节水设施，推广节水品种、喷灌滴灌、水肥一体化等旱作农业技术，示范应用面积达5 000万亩。目前，农业用水总量稳定在3 800亿立方米左右，有效利用系数逐步提高，占全社会用水总量的比例不断下降。

二是化肥农药使用量减少。推进秸秆还田、种植绿肥、增施有机肥，扩大测土配方施肥范围，推进配方肥进村入户到田。2015年启动"化肥农药减施增效"重点研发项目。2016年，全国农用化肥用量自改革开放以来首次实现零增长，2018年开始已实现负增长。加大绿色防控力度，推进农作物病虫害专业化统防统治，扶持专业化服务组织，集成推广全程农药减量增效模式。目前，我国主要农作物病虫害绿色防控覆盖率超过25.2%，农药使用量连续几年下降。

三是养殖粪污资源化利用有序推进。整县推进养殖粪污资源化利用试点，加快畜禽标准化规模养殖场（小区）建设，探索粪污综合利用有效模式。建立健全畜禽养殖废弃物资源化利用制度，严格落实畜禽规模养殖环评制度，构建畜禽粪污治理与综合利用长效机制。目前，南方水网地区生猪存栏调减已超过1 600万头，畜禽养殖粪污资源化利用水平逐年提高，利用率已接近60%。

四是秸秆地膜综合利用水平不断提高。秸秆农用为主、多元发展的利用格局基本形成，全国秸秆还田面积达7亿亩，牛羊粗饲料70%左右来源于秸秆，秸秆综合利用率达82%。甘肃、新疆颁布了废旧地膜回收利用条例和标准，建立了全程监管模式和体系，甘肃、新疆等地膜使用重点地区废旧地膜当季回收率近80%。

五是渔业资源衰退的状况得到了有效遏制。先后构建并推广了循环水养殖、稻渔综合种养、海水多营养层次综合养殖、海洋牧场等绿色生产模式，结合人工鱼礁、增殖放流等一系列水生生物资源养护措施，渔业的生态修复功能进一步凸显，渔业资源衰退的状况得到了有效遏制。2016年，联合国粮食及农业组织（FAO）和亚太水产养殖中心网（NACA）将桑沟湾综合养殖模式作为亚太地区12个可持续集约化水产养殖典型成功案例之一向全世界进行推广。在云南哈尼梯田建立的梯田冬闲田蓄水生态养殖福瑞鲤增效技术，有效改变了千百年来哈尼梯田只种一季水稻、半年时间放水养田、产值低下的耕作模式，实现了梯田的增产增效，创新了山区渔业模式，而且保护了"哈尼梯田"这一世界文化遗产，经济效益、生态效益和社会效益非常显著。

6. 创新创业主体不断壮大

坚持分类施策，着力提升各类农业科技创新和生产经营主体的创新创业能力。

一是农业科技人才队伍不断壮大。截至2018年，全国农业科研人才队伍总体规模已达62.7万人。其中，省级以上农业科研机构7.1万人、涉农高等院校3.4万人、省级以上农业产业化龙头企业17万人、两院院士116人。全国种植业、畜牧兽医、渔业、农机化4个系统共有农业技术推广人才54.2万名，其中县乡两级农业技术推广机构共有农技人员49.95万人；具有研究生以上学历3.29万人，占总数的6.07%，比2011年提高了4.57个百分点；具有专业技术高级职称6.3万人，占总数的11.63%，比2011年增加1.5万人；50岁以下年龄的有38.06万人，占总数的70.23%，比2011年提高了11个百分点。高层次人才自主培养和海外引进并举的双重格局基本形成，2013—2017年通过实施国家"万人计划"、国家"千人计划"青年项目、长江学者计划等科技人才计划与工程，涌现出包括两院院士在内的一批具有国际影响力的高端创新人才1万多人，通过实施国家"千人计划"，引进海外高层次人才6 700余人，涌现了一批农业农村领域科学家（附录5），成为创新型国家建设的一支重要生力军。

二是农村实用人才队伍不断壮大。通过实施青年农场主培训计划、新型农业经营主体带头人培训计划、农村实用人才带头人示范培训和新型职业农民培育工程等，培育了 1 500 万名新型职业农民，创办了 300 多万家农村中小微企业和 200 万家农业新型经营主体，呈现出融合互动、竞相发展的趋势。

三是推动企业成为技术创新主体。依托 2 个国家级和 20 个省级农业高新技术产业示范区、246 个国家级和 975 个省级农业科技园区、283 个国家现代农业示范区等，孵化培育了一大批农业产业化龙头企业。构建了 70 个由企业深度参与的国家农业科技创新联盟，其中 22 个由企业牵头。成立了 5 个全国性农业职教集团。认定了 77 个育繁推一体化种业企业。一批大型企业正式进军农业科研领域，一批央企收购世界顶级农业企业，完成全球布局。中国化工收购了先正达公司，中粮集团并购了荷兰尼德拉种子公司，中信农业收购了陶氏农业南美洲玉米种子业务和隆平高科种业，标志着企业技术创新主体地位正在形成。

7. 农业科技国际合作与交流不断拓展

伴随着改革开放深入推进，我国逐步加强农业多边和双边合作，农业科技领域的国际合作不断向纵深发展。合作对象不断拓展，与 140 多个国家（地区）以及国际组织建立了合作关系，不断完善中美、中加、中德、G20、APEC、金砖国家、中国-东盟、"一带一路"沿线国家等双边及多边农业框架下的合作机制，不断加强与 FAO、国际农业研究磋商组织（CG）等国际组织的合作。合作机制不断深化。在生物育种、植物保护、生物质能源、可持续发展、节水农业、热带作物等领域，与有关国家和国际组织建立了 60 多个联合实验室、研发中心等一批国际农业科技合作与交流平台，吸引了一批国际农业科研机构在我国建立研发中心，推动在我国设立国际马铃薯研究中心亚太分中心等国际机构。多边互动日益活跃。先后引进国际先进农业技术 2 000 多项，几乎囊括了农业产前、产中和产后加工的所有技术，特别是地膜覆盖、水稻旱育稀植、节水灌溉、设施农业、农机装备等重点引进技术以及动植物遗传资源已在我国得到广泛应用，产生了巨大的经济社会效益。在非洲、亚洲等发展中国家援建了水稻、玉米、甘蔗、烟草、蔬菜农场、试验站或技术推广站，通过派遣农业专家、开展技术培训等方式，帮助 100 多个国家培养了 18 万名农业人才。

四、《规划纲要》农业领域实施经验、问题和挑战

（一）实施经验

13 年来，我国在推进农业科技事业发展中，继承、发扬和积累了一些宝贵的好经验和好做法。

1. 始终坚持党对农业科技工作的领导

一直以来，历代中央领导集体在不同时期根据实际发展需要提出了符合时代要求的科技发展路线、方针和政策，为农业科技发展提供坚强有力的政治保证。2006 年，党中央、国务院召开全国科技大会，发布《国家中长期科学和技术发展规划纲要（2006—2020 年）》，确定"自主创新、重点跨越、支撑发展、引领未来"的指导方针，提出建设创新型国家目标。2012年，党中央、国务院召开全国科技创新大会，发布《关于深化科技体制改革加快国家创新体系建设的意见》，提出建设适应社会主义市场经济体制、符合科技发展规律的中国特色国家创新体系。党的十八大以来，习近平总书记提出了一系列推动我国科技进步与创新发展的新理念新思想新战略，把科技作为支撑引领现代农业发展的根本性、决定性力量，作为推动建设现代经济体系的第一动力和根本支撑，强调要给农业插上科技的翅膀。

2. 始终遵循农业和农业科技发展自身规律

一直以来，我国始终准确把握农业科技工作的公共性、基础性、社会性以及长期性、系统性、区域性等特征，在农产品质量安全、动植物防疫、面源污染防治、耕地和草原保护利用、水土保持等事关人与自然和谐发展的农业科技领域，切实加大政府财政投入力度，为农业科技发展提供有力保障；始终把握农业科技易受生物特性、自然环境和气候条件等制约的特点，遵循

农业科技创新周期长、成果产出慢、风险挑战大的科研规律，切实加大农业科技长期性稳定性投入，确保一批优良品种的推广应用。始终立足产业需求、把握科技规律、加强自主创新，把保障粮食等主要农产品有效供给作为首要目标，把突破农业资源约束作为主攻方向，把构建良种良法配套、农机农艺融合、高产优质并重的技术体系作为主要任务，把加强公共服务能力和专业化、社会化服务作为农技推广工作的着力点，把强化农业科技人才队伍建设作为重要保障，把强化公益性定位、稳定支持、联合协作作为管理创新的出发点，积极探索中国特色农业科技发展道路。

3. 始终坚持走中国特色农业科技自主创新道路

一直以来，面对农业发展的国内需求和复杂多变的国际形势，我国始终把提高自主创新能力摆在农业科技工作的突出位置，坚持"独立自主、自力更生"，始终坚信先进农业技术是买不来的，始终把科技人员提高自主创新能力作为农业科技工作的战略重点，走出了一条具有中国特色的农业科技自主创新道路。在不同历史阶段，瞄准短缺时期的粮食生产、丰歉平衡时期的结构调整、高质量发展时期的转型升级，主要依靠自己的力量，攻克关键核心技术，取得了一大批自主创新成果。特别是近年来，立足提升我国重点领域、短板环节农业科技自主创新能力的战略需求，我国先后实施了转基因新品种培育、水体污染控制与治理等农业科技领域重大专项，先后实施了主要作物育种、土壤改良保育、农业面源污染、旱作节水、化肥农药减施等一批聚焦产业发展和生态环保的重点专项，通过重点突破带动关键领域跨越式发展，取得了一批具有自主知识产权的创新成果，大大缩小了与发达国家的差距。水稻、黄瓜、家蚕农业基因组学等基础研究领跑国际同行，禽流感病毒演变、跨种间传播与流行规律研究等位居世界先进行列，作物育种、农业生境控制与修复、节水农业等主要领域技术与国际先进水平差距明显缩小。我国不断加大农业科技创新投入，在农业领域相继实施了科技攻关计划、丰收计划、跨越计划、948计划、行业科研专项、863计划、973计划等一批重大科研项目。2008年启动的转基因生物新品种培育国家重大专项，"十三五"国家重点研发计划启动了一批农业领域重点项目。实践告诉我们，发展科学技术必须依靠自己的力量，坚持走中国特色农业科技自主创新道路，才能为我国现代化建设提供更可靠的战略支撑。

4. 始终坚持推进农业科技体制机制改革创新

一直以来，针对制约农业科技发展的体制机制问题，我国开展了一系列农业科研体制改革与探索。十一届三中全会以后，农业研究机构得到了及时的恢复和整顿，科研条件、队伍素质和研究水平得到迅速提高。党的十八大以来，中央全面深化改革向纵深推进，新一轮科技体制改革全面开启，整合国家科技项目，放活科研机构、放活科技成果、放活科技人才的法律法规取得了重大历史性突破，农业科技发展正在迎来又一个春天。

5. 始终坚持集中力量办大事的制度优势

一直以来，始终坚持社会主义集中力量办大事的制度优势，探索跨区域、跨学科、跨部门的协同攻关模式，有效解决了不同时期制约农业农村发展的重大关键技术难题。例如，2007年以来，以粮、棉、油、肉、蛋、奶等50个主要农产品作为建设单元，以农业产业链条为主线，设立的从产地到餐桌、从生产到消费、从研发到市场的各个环节紧密衔接、环环相扣、服务国家目标的现代农业产业技术体系，破解了以往靠单个课题、单个学科、单个单位无法解决的产业技术难题。2014年开始建设的国家农业科技创新联盟，构建了全国协同"一盘棋"、上中下游协作"一体化"、科企合作"一条龙"的协同创新格局。

6. 始终坚持规划引领和法制保障

一直以来，我国先后制定了一系列重大发展规划，引领农业科技发展。2006年，中央制定了《国家中长期科学和技术发展规划纲要（2006—2020年）》，在种质资源创新、畜禽水产健康养殖、农业生态安全、多功能农业装备与设施等九大领域对农业科技创新进行了全面系统部署，提出要经过15年的努力，实现农业科技整体实力进入世界前列的重要目标。农业部先后印发了"十五""十一五""十二五""十三五"全国农业科技发展规划，对不同时期农业科技发展作出了具体的工作部署。2016年，中央制定了《国家创新驱动发展战略纲要》，明确了现代农业领域的技术发展方向，强调要发展生态绿色高效安全的现代农业技术，确保粮食安全、食品安全。我国先后制定并颁布了一系列法律法规，为农业和农业科技发展提供了强大的法制保障。《中华人民共和国宪法》明确指出"农业是国民经济的基础",为我国农业赋予了十分重要的战略地位。为了有效保障我国农业和农业科技发展,国家相继出台了《中华人民共和国农业法》《中华人民共和国农产品质量安全法》《中华人民共和国农村土地承包法》《中华人民共和国农民专业合作社法》《中华人民共和国农业技术推广法》《中华人民共和国种子法》《中华人民共和国畜牧法》《中华人民共和国乡镇企业法》《中华人民共和国食品安全法》《中华人民共和国科学技术进步法》《中华人民共和国科学普及法》《中华人民共和国专利法》《中华人民共和国促进科技成果转化法》等重要法律。为了高效推进农业和农业科技发展,专门出台了《农药管理条例》《基本农田保护条例》《植物检疫条例》《植物新品种保护条例》《农业转基因生物安全管理条例》《农业机械安全监督管理条例》等重要法规。较为完备的法律法规保障和促进了我国农业和农业科技的快速发展。

(二) 存在的问题

与新时代肩负的重大历史使命相比,我国农业科技创新还存在重大原创性前沿性成果产出不足、有效科技成果供给不平衡不充分、支撑引领产业能力不够强等差距,主要原因在于人才创新创业活力、产业导向机制、科技投入等难以满足创新要求。

1. 农业科技的产业导向还有待进一步强化

尽管农业科技的支撑引领能力不断加强,农业科技进步贡献率稳步提升,但是科技经济"两张皮"的问题依然存在,主要制约因素在于科研立项和评价导向的"指挥棒"出了问题,与农业农村发展实际产生了偏差,企业技术创新主体作用缺失。

一是以产业发展需求为导向的立项机制有待强化。目前,在农业科研项目的需求征集、任务设计和论证评审中,没有充分体现产业的发展需求和行业发展实际,以产业问题为导向的科研选题、立项机制尚未真正建立,难以体现颠覆性技术培育的需要。如生猪等畜禽品种国外依存度都超过 50%,育种需要经费多,但缺乏重点专项支持。农业现代化对农机装备的需求快速增长,但与之相适应的多样化、智能化农机装备研发明显滞后。在立项论证时，有些可能产生颠覆性技术的研究选题，往往被"论证"论没了。

二是以产业发展贡献为导向的评价机制有待强化。在科技成果和人才评价中，过度强调论文，"一把尺子量到底"，没有充分体现分类指导，没有将产业实际贡献度和市场认可度作为最重要的评价指标，"名头"和"帽子"成了部分科研人员的现实追求，忽视了成果与生产和市场的紧密结合，导致大量的成果束之高阁，"只能上书架不能上货架"，有企业家将有些科研成果戏称为"完美的废品"。如江苏省农业科学院王才林研究员培育的水稻品种，在全省推广面积最大，由于缺少高水平论文，研发水平得不到科技奖励评价的认可。

三是以企业为主体的协同创新机制有待强化。以产业问题为导向、产学研一体化的协同创新机制尚未真正建立，"研学产"的科研组织方式尚未根本扭转。企业还没有充分发挥作为创新投入的主体作用，我国农业企业的技术创新投入占销售额比例不到1％，远低于发达国家5％以上的投入水平，金融资本、社会力量参与农业农村科技创新的政策环境还有待进一步优化。企业与其他创新主体之间缺乏实质性的利益联结机制，大多数农业科企合作仍属于松散、短期的项目形式，难以深度融合。

2. "松绑""激活"的政策措施还有待进一步落地

党的十八大以来，中央出台了一系列激发创新创业活力的政策，各地也相继出台了一系列贯彻落实的具体措施。但很多制约因素和问题还未得到很好的解决，"口惠而实不至"，有利于科研单位自主创新、促进人才充分涌流的局面还未形成。

一是科研院所缺乏自主权，导致创新效率低下。大部分科研院所缺乏自主选题、资源配置、经费使用等自主权，项目管理手续烦琐，经费使用管得过死，不利于科研人员专注科研工作。目前，大多数农业科研单位现代院所制度建设滞后，缺乏"能进能出、能上能下"的管理制度，造成了"吃不饱、饿不死、干多干少一个样"的局面，整体运行效率不高。

二是好的激励政策难以落地，制约了创新创业活力的释放。当前，我国出台的科技激励政策是全世界最好的政策，但因为一些激励政策与纪检监察等相关要求不协调不配套，导致科技人员兼职兼薪、分享股权期权、领办创办企业等好的激励政策难以落地。

三是潜心研究的创新环境有待改善，不利于原创性重大成果的产生。重大科研成果需要长期的研究和持续的积累。但目前科研项目以中短期设置为主，导致科研人员忙于申请项目和应付考核验收，让繁文缛节束缚了科技人员的手脚，缺乏长期稳定的科研环境。同时，缺乏鼓励探索、宽容失败的创新氛围，有些颠覆性技术被"论证"论没了，青年科技人员难以脱颖而出。

3. 符合农业科技规律的投入机制有待进一步完善

科技创新投入还未能很好适应农业产业的特点和规律，资金总量不足、结构不合理和公益性保障不够的问题依然存在。

一是投入总量不足。国际经验表明，农业领域研发经费占农业总产值的比例低于1%以模仿创新为主，1%～2%以引进消化吸收再创新为主，只有投入占比超过2%，才能开始迈向全面自主创新的阶段。2018年，我国农业领域科技投入占比仍然低于1%，难以支撑我国农业科技实现跨越发展。

二是投入结构不合理。农业生态观测、资源评估和环境监测等基础性、长期性科技工作缺乏长期持续的专项经费投入。农业领域稳定性支持和竞争性经费投入比例失衡，发达国家对国家级农业科研机构的稳定投入占比达70%～80%，而我国目前这一比例正好相反，以竞争性经费为主，"细水长流"的稳定投入不足。如江苏省农业科学院2017年底科研经费总量是10年前的4倍多，一线科技人员人均科研经费约为10年前的3倍多，但是，科研人员依然普遍反映有"恐慌感"和"不安全感"，就是因为科研经费没有稳定预期，担心"朝不保夕"。

三是促进国际竞争的投入不足。农业科技国际合作与交流缺乏专门的项目、经费、资源和手段，与落实"一带一路"和农业"走出去"的要求不相称，科研机构和科技人员往往有想法、有渠道但却难以实现国际合作与交流的目标。

（三）农业科技面临的挑战与需求

当今世界，农业发展呈现许多新特征和新趋势，绿色发展日益成为全球共识，优质营养日益成为重要方向和社会关切，人工智能将给农业带来颠覆性变革，农业的多功能和"农业＋"成为新增长点。为顺应农业发展新变化，世界各国普遍加速了农业科技创新步伐。

1. 国际农业科技发展新趋势

当前，新一轮科技及产业革命正在孕育兴起。科学、技术和产业发展之间的互动关系越来越紧密，相互渗透越来越深，转换周期越来越短。基础科学沿着更微观、更宏观、更辩证等方向加快演进和交叉融合，一些重大科学问题的原创性突破正在开辟新前沿、新方向。技术进步呈现出群体性、融合性重大革新态势，信息、能源、材料和生物等技术领域不断取得突破，带动了以绿色、智能、泛在为特征的群体性重大技术变革。

农业科技领域正在全世界范围内掀起一场以生物技术的重大突破为标志的新的科技革命竞争，并呈现出一些明显的特点：一是农业科学与技术一体化发展，农业科学和技术的边界日益模糊，科学理论推动技术突破、技术发展拉动理论创新的趋势更加突出，周期日益缩短。二是农业科技学科交叉与分化并行发展，新兴学科加速涌现，信息科技、材料科技等的飞速发展引领农业科技诸多领域深入分子水平、基因水平、纳米水平开展创新。三是农业科技领域不断拓展，随着经济社会发展的新变化新需求，农业科技向医药、化工、能源、环保等领域加速延伸，农业的多功能不断拓展。四是农业科技与产业结合日趋紧密，产业需求驱动技术创新，技术创新引领产业发展的作用更加突出，特别是生物组学、智慧农业、自动化农业等技术的重大突破及相互融合与转化应用，不断催生新产业、新业态、新模式，引领和支撑农业产业格局和发展方式发生深刻变革。

此外，以绿色低碳和高效优质为特征的现代生态（循环）农业技术创新正成为当前世界农业科技发展的重要方面，带动作物生产向绿色高效方向转型，动物生产向生态健康与清洁生产方向转变，农产品加工向可预测、可控制的高品质、高营养方向发展。

2. 我国农业科技发展的差距与不足

面对日益激烈的国际竞争和新一轮农业科技与产业革命，在充分肯定我国农业科技创新成就的同时，也要清醒地看到，与建设世界科技强国和农业强国的要求相比，我国农业科技创新能力不够强、重大原创性成果缺乏、农技推广体系不健全、农业科技管理运行机制不完善、产学研协作不密切等问题还比较突出，无论在成果转化应用，还是在基础研究方面，都与发达国家存在着差距。

3. 我国农业科技面临的新需求

随着中国特色社会主义进入新时代，中国社会主要矛盾已经转化为人民日益增长的美好生活需要和不平衡不充分的发展之间的矛盾。同样，中国农业农村发展已进入新的历史阶段，农业农村主要矛盾也发生了重大转变。习近平总书记指出，新形势下，农业主要矛盾已经由总量不足转变为结构性矛盾，主要表现为阶段性的供过于求和供给不足并存。推进农业供给侧结构性改革，提高农业综合效益和竞争力，是当前和今后一个时期我国农业政策改革和完善的主要方向。总书记对农业发展历史阶段、主要矛盾和目标方向的精辟论述，是准确把握"三农"发展形势和任务的根本遵循，也是新时代农业科技工作的行动指南。总的来讲，推进农业农村现代化，对农业科技提出了三个方面的新需求。

一是农业科技要支撑引领农业供给侧结构性改革。党的十九大报告明确指出，必须坚持质量第一、效益优先，以供给侧结构性改革为主线，推动经济发展质量变革、效率变革、动力变革，提高全要素生产率。农业供给侧结构性改革必须以实施乡村振兴战略为契机，以产业兴旺为重点，着力破解三个不合理。第一，产品结构不合理。农产品供应"多了多、少了少"的问题比较突出，难以满足消费者多样化、优质化、个性化的需求。第二，产业结构不合理。种养业结构匹配度还有待进一步提升，粮经饲发展不协调，优势特色产业发展不够，农业的多功能有待进一步挖掘拓展。第三，区域结构不合理。农业生产还没有实现向优势区的充分集聚，以资源禀赋和环境承载力为基准布局的生产力格局尚未完全形成。为此，要围绕优化农业供给体系的新要求，加大联合攻关、技术集成和推广力度，创制重大突破性新品种、优质特色新品种，创新高效生产、加工技术和设施装备，攻克全产业链关键核心技术瓶颈，为调整农业生产力布局提供强有力的科技支撑。

二是农业科技要推动提升农业产业质量效益竞争力。我国农业大而不强、多而不优的问题比较突出，农业产业结构、产出效益与农业大国地位不相称，突出表现在三个方面。第一，农业生产成本高。在农业生产成本"地板"和价格"天花板"的双重挤压下，农业生产的利润空间不断收窄。第二，农业产业链条短。产业体系发育不充分，农村一二三产业融合不紧密，农业比较效益偏低。第三，农业技术水平不高。机械化、设施化、信息化程度与发达国家差距较大，产业核心竞争力有待大幅度提高。为此，要围绕加快构建现代农业产业体系的要求，加大自主创新力度，着力攻克产业发展的薄弱环节和技术瓶颈，延长产业链，提升价值链，提高技术到位率和全要素生产率，为提高农业质量效益和竞争力提供强有力的科技支撑。

三是农业科技要切实促进农业绿色发展。农业本身就是绿色产业，农业的底色就是绿色，绿水青山是农业农村的宝贵资源和独特优势。当前，促进中国农业绿色发展，主要解决三个问题。第一，资源约束趋紧。长期以来，农业高投入、高消耗，资源透支、过度开发，未来受水、土资源的约束还会加剧。第二，环境承载力受限。一些地方高消耗、高排放的农业生产方式超过了生态阈值，农业生态环境亮起了"红灯"。第三，生态保育不足。长期以来粗放的农业生产方式导致了农业生态系统结构失衡，农业生态系统服务功能退化，农业发展面临潜在的生态安全风险。为此，必须始终遵循绿色发展理念和乡村环境生态建设规律，按照"一控两减三基本"的要求，加快发展节水节肥节药等节本低碳技术，突破农业清洁生产、农业面源污染防治、农产品产地污染治理修复等技术瓶颈，开展畜禽粪便清洁处置、秸秆综合利用、农膜污染防控、低成本可降解地膜研发等科研攻关，为农业绿色发展提供强有力的科技支撑。

五、评估建议

（一）推动农业科技体制改革与机制创新

1. 牢固树立需求导向，实现"研学产"向"产学研"转变

建立健全目标、需求和问题导向的科研立项机制。围绕农业生产中的重大科学问题和关键技术瓶颈，加强基础前沿研究，努力在原创理论、原创发现、原创技术等方面取得重大突破。围绕绿色发展、质量兴农的新时代农业发展要求，推动农业科技创新方向由增产技术向提质技术转变，向注重生态环境保护的绿色发展技术转变。围绕乡村振兴需要，大力研发先进实用技术，特别是物联网、互联网、智能化农业技术研发，补上农产品质量安全、环境控制、资源利用、精深加工、保鲜储运等环节的技术短板，推动实现一二三产业融合发展。建立健全科研项目、科研人员和科研机构的分类评价机制。推动农业科研机构评价由"重论文、重奖励"转为"重应用、重贡献"，农业科技人员评价由"论文专利导向"转为"产业需求导向"，突出科研产出的研究创新度、产业关联度和发展贡献度。

2. 加快"松绑""解压"，放活创新主体

推动现有政策衔接配套和落地见效。加强与中央组织、纪检、审计、财政、科技、人社等部门间的协调，推动科技人员双向流动、兼职兼薪、分享股权期权、领办创办企业、成果权益分配等激励政策落地。制定配套政策，破除"双肩挑"人员因行政身份不能享受成果转化、兼职、出国、差旅等优惠政策的制度藩篱。加快建立现代院所制度。明确农业科研机构公益性定位，在科研事业单位分类改革中同步解决拟转企改革遗留问题。明确科研机构职责和功能定位，按照"先确权再放权"的原则，坚持法人治理，赋予科研机构在内设机构设置、职称评聘、引人用人、收入分配等方面更多自主权，推动完善内部治理体系建设。推进人才涌流。改变人员编制管理过死、

科企间人才流动机制不畅、人才引进恶性无序竞争等现状，在国家层面健全人才工作协调机制，加强对人才流动市场的监管，形成政府部门宏观调控、市场主体公平竞争、用人单位严格自律的人才有序流动新格局。促进人才双向流动，允许农业科教人员既可保留事业单位编制身份，又能兼职领取企业绩效工资和股权激励。取消学术团体兼职、工资收入总额封顶等限制。

3. 建立高效协同模式，提高科技创新组织化程度

推动全国农业科技创新资源"一盘棋"布局。推动农业科研机构发挥各自优势，整合相关科研教育资源，共同组建跨部门、跨区域、跨单位、跨学科的科研教学机构，合作承担科研项目、联合培养人才，共建试验示范基地、共享科技资源。推动省市农业科研院所"一体化"管理。推动省级与地市级农业科研机构在隶属关系、资源配置、职责任务等方面垂直化管理。推动建立以企业为主体的协同创新平台。改变当前农业科企合作松散、实体化的紧密型利益联结机制仍未建立等现状，强化企业在技术创新决策、研发经费投入、科研组织实施、成果转化应用等方面的主体作用，引导创新资源向涉农企业聚集，推动企业整合科研院所、高等院校力量，建立创新联合体。

（二）进一步明确农业科技重点任务

强化战略导向和目标引导，聚焦农业农村科技创新的战略领域、重点突破方向和攻关重点，集聚优势科技资源加速实现突破，推动我国创新驱动农业农村发展水平整体跃升。

1. 五大战略领域

推动实现农业农村高质量发展，需要围绕以下五大战略领域，集中攻关、实现突破，引领支撑现代化农业强国建设。

一是现代种业。种业是现代农业的战略性、基础性产业，是国家食物安全和产业竞争力的核心，处于科技创新的优先位置。充分利用生物组学、基因编辑技术、合成生物学、3D生物打印等手段，培育名特优新品种，加快实现主要作物机械化、绿色化、优质化的种业发展目标，推动品种更新换代，加快畜禽遗传改良进程。

二是智慧农业。智慧农业是现代信息技术变革传统农业的必然产物，是实现农业和农业科技"弯道超车"的重要战略机遇。重点开展传感器的国产化、装备的智能化、决策的智慧化研究，以及以深度学习和自主导航为代表的农业机器人理论和技术研究，建立健全智慧农机管理和决策支持体系，实现从"机械化"到"智能化"再到"无人化"的农业革命，改变传统生产生活方式，从根本上解决劳动力缺乏和成本高问题。

三是区域生态农业。区域生态农业是高效利用农业资源、建设生态宜居乡村的基础保障。挖掘和利用区域农业资源，因地制宜发展多样化的特色生态农业，形成差别化的竞争优势；重点攻克可降解控释肥料、生物农药、水肥高效耕作、绿色防控、废弃物综合利用等关键技术，解决东北黑土区有机质下降、华北地下水超采、南方部分地区耕地重金属污染、西北旱作节水等重大区域问题；创新多样化的区域生态农业发展模式，通过示范带动，构建产地环境安全、生产过程安全和产品质量安全的全程化农业绿色生产模式。

四是深蓝渔业。深蓝渔业是挺进深远海、促进渔业转型升级、建设海洋强国的战略选择。面向深远海、大洋和极地水域，开展海洋生物资源开发、工业化绿色养殖和海上物流信息通道建设，建立以游弋式大型养殖工船、定置式深海网箱设施和岛礁围栏养殖工程为核心的海上生产平台，建立渔业三产融合新模式，切实将深远海建成我国的蓝色粮仓。

五是现代加工。现代加工是延长产业链、提高附加值、促进农民增收、满足人民多样化需求的重要途径。充分利用机器视觉、机器控制、人工智能等技术，加快突破绿色冷链物流、低碳加工、智能制造等共性关键技术与装备瓶颈，解决产后损耗高、转化率低、健康食品供给不足等突出问题，大幅度提高农业附加值，提供多样化、个性化的优质食品和其他加工产品。

2. 五大前沿重大技术

面对全球新一轮农业科技革命的机遇和挑战，依托国家自然科学基金、国家科技重大专项等中央财政科技计划（专项、基金等）和有关农业农村重大工程项目，在五大前沿重大技术领域实施重大研究项目，开展自主创新，实现重大突破，牢牢把握创新主动权和发展主动权。

一是实施"面向快速定向精准育种的基因编辑技术研究"重大项目。基因编辑技术是快速定向育种的利器，是21世纪生命科学领域影响最大的技术之一。加快具有自主知识产权的基因编辑技术研究，在农业微生物资源中开发新式剪辑酶，优化基因编辑流程，创制新型基因编辑产品和生物反应器，深度挖掘种质遗传潜力，引领定向精准育种技术变革，全面提升种业科技创新能力和水平。

二是实施"面向农业生物基产品创制的合成生物学技术研究"重大项目。合成生物学是以人工合成 DNA 为基础、改造和优化现有自然生物体系的颠覆性技术。通过智能型转化系统在底盘动植物和微生物中进行模块装配和系统优化，合成具有重要经济价值的植物活性代谢物、新型疫苗和兽药，创制可修复农田土壤环境的微生物、监测有毒化学物质的生物传感器等，并为光合作用、生物固氮等世界性农业难题提供解决方案。

三是实施"面向动物高效繁育和种质资源保护的干细胞技术研究"重大项目。干细胞具有无限增殖能力，干细胞技术是生物领域最有爆发力的技术前沿。加强农业动物胚胎干细胞、多能干细胞、组织干细胞的维持和分化机制研究，创制动物干细胞体外培养、定向分化及移植技术，加大在家畜育种、繁殖及资源保存等领域应用的自主创新，大幅度提高自主知识产权品种的市场占有率。

四是实施"面向智慧农业和现代制造的智能化技术研究"重大项目。人工智能、万物互联、深度学习等智能化技术应用催生了新的产业业态，颠覆了传统产业发展格局和生产方式，成为现代农业发展的重要引擎和新生动能。加快构建以大数据、物联网、移动互联、云计算、人工智能、3D/4D 打印技术等为基础的农业智能系统，研发以农业机器人为代表的智能农机装备和无人驾驶技术，实现农业智慧化和智能制造。

五是实施"面向新型农业绿色投入品创制的纳米技术研究"重大项目。农业纳米技术是纳米材料与农业技术渗透融合，深刻影响农业投入品创制和食品加工的颠覆性技术。加快利用纳米技术创制新一代高效、安全的靶向农兽药、智能控释肥料和高营养值饲料等绿色投入品，有利于大幅度提高农业投入品的利用率和效率，从根本上缓解农业资源短缺、食品安全和环境退化等问题。

3. 10 大工程、28 个攻关重点

针对现阶段我国农业农村发展中存在的制约节本增效、质量安全、生态环保等的突出问题，依托国家重点研发计划、技术创新引导专项、基地人才

专项等中央财政科技计划（专项、基金等）和有关农业农村重大工程项目，实施 10 大工程、28 个重点攻关项目。

一是品种更新换代工程。实施农作物品种更新换代、畜禽品种更新换代、水产品种更新换代 3 个重点攻关项目。针对适宜机械化作业、名特优新的农作物品种严重不足、规模化养殖畜禽品种本土化程度不高等问题，综合运用全基因组选择和基因编辑技术，定向精准改造动植物目标性状，培育绿色优质专用的作物新品种；开展畜禽自动化精准性能测定技术和高效精准畜禽基因芯片研发以及核心种质创制，努力培育生猪、奶牛、肉鸡本土化品种，实现农业生产用中国种。

二是土壤改良保育工程。实施中低产田土壤改良、土壤地力培育、污染耕地治理修复 3 个重点攻关项目。针对土壤酸化、有机质含量下降、土壤污染、耕作层变浅等突出问题，加强生物炭、碱性添加物和根际碱化植物研究，建立土壤消酸技术模式，解决南方稻田土壤酸化问题；加强土壤镉、铅等重金属失活剔除技术和生物修复技术研究，建立污染土壤生态恢复技术模式，解决南方和西北区重金属污染问题；加强有机肥施用、秸秆还田和土壤深松深翻技术研究，建立土壤可持续利用技术模式，解决东北黑土地有机质含量下降问题。

三是化肥农药减量及替代工程。实施化肥减量及替代、农药减量及替代 2 个重点攻关项目。通过测土配方施肥、水肥一体化、病虫害监测预警、精准施肥施药等技术措施，实现化肥农药减量。研发高效缓释肥料、生物炭基肥料、天敌昆虫、高效低毒低残留农药、分子靶标设计农药、新型生物源农药、抗性诱导剂等新型替代产品，实现减施化肥不减产、减施农药不减产。

四是抗生素减量及替代工程。实施畜禽养殖抗生素减量及替代、水产养殖抗生素减量及替代 2 个重点攻关项目。通过新型饲料资源挖掘、动物健康保护、中兽医药应用、营养调控、环境精准调控等技术措施，减少抗生素使用量。研发新型饲用抗生素替代、益生菌、抗菌肽、植物提取物等新型产品，实现抗生素减量而无重大疫病发生。

五是机器换人工程。实施大田作物机械、丘陵山地经济作物机械、畜禽养殖智能设施装备、水产养殖智能设施装备 4 个重点攻关项目。针对重点生产环节和薄弱区域适用农机装备缺乏、智能化程度不高等突出问题，加快突破水稻机插、玉米机收、棉花机采、油菜和花生机播机收等机械化技术，大力提升植保、烘干等环节机械化程度，实现主要农作物全程机械化；研制丘陵山地农机具，推进果品蔬菜等经济作物生产、畜禽水产养殖等机械化，推进农业生产的全面机械化；按照机械化、智能化、无人化"三步走"的战略步骤，研发智能农机装备、农业传感器与物联网装备、动植物生长数字化模拟与设计装备，推进传统精耕细作、现代信息技术与物质装备技术深度融合，逐步实现"机器换人"。

六是加工增值工程。实施采后处理、储运保鲜、精深加工、副产物利用4个重点攻关项目。针对我国农产品产后处理率、加工转化率、综合利用率不高和能耗物耗偏高等突出问题，创新农产品采后保鲜、贮运流通等产后冷链技术，分级分选、初级加工等商品化处理技术，促进农产品减损增值；创新农产品精深加工、低碳制造、副产物梯次利用等关键技术，实现增产又增收；创新精准营养强化、个性化食品定制等功能食品开发技术，实现食品供应的营养化、个性化、便捷化，满足多样化消费需求。

七是设施农业工程。实施设施种植、智能控制2个重点攻关项目。针对我国设施农业生产方式落后、生产效率低、环境可控性差、导致病虫害频发和产品品质难以保障等关键问题，开展设施农业生产工艺与环境因子及设施设备互作机理研究，研发设施光热能效提升、水肥资源高效利用技术、基于植物健康生长模型的环境和营养精准调控技术，开发设施园艺高效生产配套设备，有效提高设施农业机械装备水平、智慧管理能力和抗灾能力。

八是种养循环模式创新工程。实施陆生种养循环模式、水生种养循环模式2个重点攻关项目。针对过载种养导致的种植投入品过量施用、动植物病害频发、农产品质量不高等问题，创新绿色低碳种养结构与技术模式，加大间作套种、轮作休耕等栽培技术和模式研发，着力创新稻田综合立体化种养、林下立体种养、盐碱地渔农综合利用、池塘工程化/工厂化循环水利用等技术与模式攻关，构建种养循环综合养分管理技术体系（CNMP），推进种养结合、种养循环和种养互促。

九是农业废弃物资源化利用工程。实施畜禽粪污资源化利用、秸秆资源化利用、地膜研制与回收3个重点攻关项目。针对畜禽粪污、地膜和秸秆等农业废弃物污染问题，开展畜禽废弃物全量化收集技术、遴选驯化高效厌氧生物菌群和定向环境控制技术研究，推进沼气使用、有机肥生产和沼液高质利用技术与装备的升级。加强生物降解膜和地膜回收机具研发。突破秸秆捡拾打捆、粉碎还田机具故障率高和使用寿命短等技术瓶颈，研究秸秆快速腐熟菌剂、青黄贮防腐技术等关键技术瓶颈，实现"变废为宝"。

十是乡村环境治理工程。实施乡村垃圾处理技术与模式、生活污水处理技术与模式、宜居生态建设 3 个重点攻关项目。针对乡村生活垃圾和污水处理技术水平不高、模式单一等问题，研发乡村生活污水无害化处理技术、垃圾资源化利用技术、厕所粪污就地消纳技术等，按照"厌氧消化－物理过滤－生物吸收－好氧还原"的工艺路线，探索建立乡村生产生活一体化的"分户收集、就村处理、临田利用"技术模式，创建干净卫生的乡村生活环境。开展景观设计、文化功能开发、山水林田湖草系统治理技术集成与推广应用，促进生产、生活生态有机融合，实现村容整洁、村貌靓丽、人与自然和谐共生。

（三）进一步完善农业科技成果转化新机制

1. 加大成果转化工作经费保障力度

探索建立成果转化金融保障机制，推动政府相关部门与金融机构共同设立农业科技成果转化专项基金。探索运用科技保险作为分散风险的手段，减少单位和个人在研发和转化活动中，因各类风险而导致的财产损失或科研经费损失和赔偿责任，解除科研人员和成果转化人员的后顾之忧。

2. 强化对农业科技创新成果的保护和激励机制

完善科技成果、知识产权转移转化的利益分享机制，鼓励科技人员在职在岗创业或参与企业科技研发、提高团队骨干、主要发明人的收益比例，加快探索股权激励的方式方法。

（四）进一步健全农业科技平台支撑能力、优化人才培养政策供给

1. 完善科学研究类、技术创新类、基础支撑类科技平台的定位和布局

在国家重大科技平台建设中进一步向农业领域倾斜，建议新增作物表型与基因型鉴定设施、作物环境模拟舱等重大科学基础设施；新增作物基因资

源、园艺植物种质与遗传、农产品质量安全等领域国家重点实验室；强化信息、机械等新兴交叉学科平台建设；积极推进农业基础性长期性工作，加强农业大数据基础性工作平台建设。

2. 完善科技平台稳定运行与支持机制

加大对平台基地运转工作的支持力度，支持柔性人才引进、重大科学选题凝练、跨学科协作攻关等平台开放交流任务，推动创新活力提升。

3. 完善科技平台开放共享和评估激励机制

加强共享平台和信息服务体系建设，完善农业生物种质资源、信息数据资源等农业公共科技资源的开放共享制度；建立科技平台分类评价制度，建立评估结果与运行经费、各类优化整合的投入资源挂钩的激励机制，提高运行质量和效率。

4. 提高农业科技人员的薪酬和福利保障水平

大幅度提高机构拨款和人员费用比例，规范科学合理的薪酬待遇体系，提高间接经费和绩效奖励的比例，稳定科研人员收入水平，完善和落实促进科研人员成果转化的收益分配政策，提高科研人员成果转化收益分享比例，探索对创新人才实行股权、期权、分红、兼职兼薪等激励措施。

5. 做大做强已有人才发展重大计划和工程项目

继续实施"农业科研杰出人才计划"，进一步增强支持的力度和深度。更好地发挥现代农业产业技术体系、中国农科院科技创新工程等的作用，稳定支持重点领域科研人才潜心研究，让人才在创新实践中成才。继续组织实施好"杰出青年农业科学家"资助项目和部属"三院"青年科技人才培养项目，适当扩大项目规模、提高资助标准、拓宽培养途径，不拘一格选拔出品德素养好、发展潜力大、创新能力强的青年科研人员给予重点培养，为其成长成才搭好桥、铺好路。

6. 完善人才选拔培育制度

加快完善农业科技创新人才评价机制，建立人才分类评价机制，坚持破除"四唯",以科学分类为基础,树立以品德、能力、业绩、贡献为重点的评价导向,创新人才评价方式,推行代表作制度,充分发挥人才评价的"指挥棒"作用。加快新兴交叉学科人才的引进和培养。

(五)加大投入力度,为农业科技创新提供有效保障

增加投入总量。推动落实农业农村优先发展要求,使农业领域的财政科技投入增长幅度高于财政科技投入的平均增长幅度,使农业科技研发投入占农业总产值比例提高到2%以上。优化投入结构。推动中央财政加大稳定支持力度,使稳定支持比例达到50%以上。加大对基础性、长期性科技工作和科技基础条件、共享平台等的支持力度。加大对生态绿色、高值安全、资源节约型技术的研发投入。加大对中西部地区的农业研发投入。创新投入方式。对国家农业科技创新联盟、科技创新中心、科技小院等"产学研用"一体化平台的建设发展予以支持,探索创新财政资金支持方式,引导社会资本投入,推动"政产学研金用"等创新要素深度融合。

附录

附录 1　出台的政策法规

表 1　2006－2018 年各部门制定的涉及农业领域的科技发展规划

类别	序号	文件名称	颁布部门	涉及农业领域的优先主题
综合性科技规划	1	国家"十一五"科技发展规划	科技部	7 个（优先主题 1、2、3、4、5、6、9）
	2	国家"十二五"科学和技术发展规划 国科发计〔2011〕270 号	科技部	5 个（优先主题 2、3、4、7、8）
	3	"十三五"国家科技创新规划	科技部	8 个（优先主题 1、2、3、4、5、6、7、8）
	4	国家"十一五"基础研究发展规划 国科发计字〔2006〕436 号	科技部	3 个（优先主题 1、2、6）
	5	国家基础研究发展"十二五"专项规划国科发计〔2012〕115 号	科技部	5 个（优先主题 1、2、4、5、6）
	6	"十三五"国家基础研究专项规划	科技部、教育部、中国科学院、国家自然科学基金委员会	4 个（优先主题 1、2、4、6）
	7	国家自然科学基金"十一五"发展规划	国家自然基金委员会	7 个（优先主题 1、2、3、4、5、6、9）
	8	国家自然科学基金"十二五"发展规划	国家自然基金委员会	7 个（优先主题 1、2、3、4、5、6、9）
	9	国家自然科学基金"十三五"发展规划	国家自然基金委员会	3 个（优先主题 1、2、3、6）

（续）

类别	序号	文件名称	颁布部门	涉及农业领域的优先主题
农业科技综合类规划	1	"十二五"农业与农村科技发展规划	科技部、农业部等13个部门	8个（优先主题1、2、3、4、5、6、7、8）
	2	农业科技发展规划（2006—2020年）（农科教发〔2007〕6号）	农业部	中长期涉及9个优先领域；"十一五"时期涉及8个（优先主题9除外）
	3	农业科技发展"十二五"规划（农科教发〔2011〕6号）	农业部	7个（优先主题1、2、3、4、5、7、8）
	4	"十三五"农业科技发展规划，农科教发〔2017〕4号	农业部	
	5	全国农业科技创新能力条件建设规划（2012—2016年）（农计发〔2013〕15号）	农业部	
	6	农业科技创新能力条件建设规划（2016—2020年）（农计发〔2016〕98号）	农业部	
	7	"十三五"农业农村科技创新专项规划（国科发农〔2017〕170号）	科技部、农业部、教育部等16个部门	3个（优先主题1、5、8）
	8	创新驱动乡村振兴发展专项规划（2018—2022年）	科技部	3个（优先主题1、2、5、7、8）
	9	国家质量兴农战略规划（2018—2022年）	农业农村部、国家发改委等7个部门	7个（优先主题1、2、3、4、5、6、7、8）
重点专项科技规划	1	优质畜牧业科技发展"十二五"专项规划	科技部	涉及优先主题2、5、9
	2	农业生物药物产业科技发展"十二五"专项规划	科技部	涉及优先主题2与6中的动物疫苗、农药创制技术方面
	3	"十三五"生物技术创新专项规划	科技部	涉及优先主题1、4、5的农业生物育种技术、生物资源能源的开发利用、环境保护与生态修复新体系

（续）

类别	序号	文件名称	颁布部门	涉及农业领域的优先主题
重点专项科技规划	4	生物质能源科技发展"十二五"专项规划	科技部	针对优先主题4
	5	生物种业科技发展"十二五"专项规划	科技部	针对优先主题1
	6	食品产业科技发展"十二五"专项规划	科技部	针对优先主题3
	7	节水农业科技发展"十二五"专项规划	科技部	涉及优先主题7、8
	8	粮食丰产科技发展"十二五"专项规划	科技部	涉及优先主题7、8
	9	农业装备产业科技发展"十二五"专项规划	科技部	针对优先主题7
	10	农村与农业信息化科技发展"十二五"专项规划	科技部	针对优先主题8
	11	海洋农业科技发展"十二五"专项规划	科技部	涉及优先主题1、2、3、7、8
	12	村镇建设科技发展"十二五"专项规划	科技部	涉及优先主题4中的农村垃圾和污水资源化利用技术
	13	生态农业科技发展"十二五"专项规划	科技部	涉及优先主题4、5、6
	14	生物基材料产业科技发展"十二五"专项规划	科技部	针对优先主题4中的生物基新材料装备
	15	现代林业科技发展"十二五"专项规划	科技部	重点涉及优先主题5和8
	16	"十三五"食品科技创新专项规划（国科发〔2017〕143号）	科技部	
行业或产业科技规划	1	林业科学和技术中长期发展规划（2006—2020年）（林科发〔2006〕175号）	国家林业局	涉及优先主题1、4、5、7、8
	2	林业科学和技术"十一五"发展规划（林科发〔2006〕175号）	国家林业局	涉及优先主题1、2、4、5
	3	粮食科技"十二五"发展规划（国粮展〔2012〕4号）	国家粮食局	涉及优先主题3

（续）

类别	序号	文件名称	颁布部门	涉及农业领域的优先主题
行业或产业科技规划	4	农业生物质能产业科技发展规划（2007—2015年）	农业部	涉及优先主题4
	5	"十三五"渔业科技发展规划（农渔发［2017］3号）	农业部	
	6	中长期渔业科技发展规划（2006—2020年）（农渔发［2007］28号）	农业部	涉及优先主题1、2、3、7
	7	中国森林防火科学技术研究中长期发展纲要（2006—2020年）（林科发［2007］112号）	国家林业局	涉及优先主题5
	8	"十二五"兽医科技发展规划		
其他领域科技规划（涉及农业领域优先主题和关键技术方向的）	1	"十二五"生物技术发展规划（国科发社［2011］588号）	科技部	涉及优先主题5
	2	国家"十一五"海洋科学和技术发展规划纲要（国海发［2006］29号）	国家海洋局、科技部、国防科学技术工业委员会、国家自然科学基金委员会	涉及优先主题1、2、3
	3	国家"十二五"海洋科学和技术发展规划纲要	国家海洋局、科技部、教育部、国家自然科学基金委员会	涉及优先主题1、2、3
	4	国家环境保护"十二五"科技发展规划（环发［2011］63号）	国家环境保护总局	涉及优先主题4的农村垃圾和污水资源化利用技术
	5	国家环境保护"十一五"科技发展规划（环发［2006］103号）	国家环境保护总局	涉及优先主题4的农村垃圾和污水资源化利用技术
	6	气象科学和技术发展规划（2006—2020）（气发［2006］352号）	中国气象局	涉及优先主题5

（续）

类别	序号	文件名称	颁布部门	涉及农业领域的优先主题
其他领域科技规划（涉及农业领域优先主题和关键技术方向的）	7	信息产业科技发展"十一五"规划和 2020 年中长期规划纲要	信息产业部	涉及优先主题 8
	8	全国科技兴海规划纲要（2008—2015）（国海发〔2008〕21 号）	国家海洋局、科技部	涉及优先主题 2
	9	全国水土保持科技发展规划纲要（2008—2020 年）	水利部	涉及优先主题 6
	10	农业部重点实验室发展规划（2010—2015 年）（农科教发〔2017〕11 号）	农业部	

表 2　2006—2018 年各部门制定的涉及农业及其行业产业发展规划

序号	文件名称	颁布部门	颁布时间	文号	规划时段	是否为落实《科技规划纲要》制定
1	全国现代农业发展规划（2011—2015 年）	国务院	2012 年 1 月	国发〔2012〕4 号	2011—2015 年	否
2	全国现代农作物种业发展规划（2012—2020 年）	国务院	2012 年 12 月	国办发〔2012〕59 号	2012—2020 年	否
3	全国农业现代化规划（2016—2020 年）	国务院	2016 年 10 月	国发〔2016〕58 号	2016—2020 年	否
4	全国新增 1 000 亿斤 * 粮食生产能力规划（2009—2020 年）	国务院	2009 年 11 月		2009—2020 年	否
5	国家粮食安全中长期规划纲要（2008—2020 年）	国务院	2008 年 11 月	国发〔2008〕24 号	2008—2020 年	否
6	国家海洋事业发展规划纲要	国务院	2008 年	国函〔2008〕9 号	2006—2010 年	否

---

* 斤为非法定计量单位，2 斤＝1 千克。——编者注

（续）

序号	文件名称	颁布部门	颁布时间	文号	规划时段	是否为落实《科技规划纲要》制定
7	"十三五"全国远洋渔业发展规划	农业部渔业渔政管理局	2017 年 12 月			
8	"十二五"国家自主创新能力建设规划	国务院	2013 年 2 月	国发〔2013〕4 号	2013—2015 年	否
9	"十二五"国家重大创新基地建设规划	科技部、国家发改委	2013 年 3 月	国科发计〔2013〕381 号	2013—2015 年，远景到 2020 年	是
10	农产品冷链物流发展规划	国家发改委	2010 年 6 月	发改经贸〔2010〕1304 号	2010—2015 年	否
11	可再生能源中长期发展规划	国家发改委	2007 年 9 月	发改能源〔2007〕2174 号	2007—2020 年	否
12	粮食行业"十二五"发展规划纲要	国家发改委、粮食局	2011 年 12 月	国粮展〔2011〕224 号	2011—2015 年	是
13	粮食行业"十三五"发展规划纲要	国家发改委	2017 年 6 月	发改粮食〔2016〕2178 号		否
14	食品工业"十二五"发展规划	国家发改委、工信部	2011 年 12 月	发改产业〔2011〕3229 号	2011—2015 年	否
15	粮食物流业"十三五"发展规划	国家发改委	2016 年 11 月	发改粮食〔2016〕2178 号		否
16	粮食行业信息化"十三五"发展规划	国家粮食局	2016 年 12 月	国粮财〔2016〕281 号		否
17	全国蔬菜产业发展规划（2011—2020 年）	国家发改委、农业部	2012 年 1 月	发改农经〔2012〕49 号	2011—2020 年	否

（续）

序号	文件名称	颁布部门	颁布时间	文号	规划时段	是否为落实《科技规划纲要》制定
18	全国油茶产业发展规划（2009—2020年）	国家发改委、财政部、国家林业局	2009年11月	发改农经〔2009〕2812号	2009—2020年	否
19	全国旱作节水农业发展建设规划（2008—2015年）	国家发改委、农业部	2008年1月		2008—2015年	否
20	全国农业和农村经济发展第十一个五年规划（2006—2010年）	农业部	2006年6月	农计发〔2006〕21号	2006—2010年	否
21	全国农业和农村经济发展第十二个五年规划（2011—2015年）	农业部	2011年9月	农计发〔2011〕9号	2011—2015年	否
22	全国奶业发展规划	农业部	2010年6月	农牧发〔2010〕3号	2009—2013年	否
23	全国农业机械化发展第十二个五年规划（2011—2015年）	农业部	2011年9月	农机发〔2011〕6号	2011—2015年	否
24	农产品加工业"十二五"发展规划	农业部	2011年4月	农企发〔2011〕6号	2011—2015年	否
25	农业国际合作"十二五"规划	农业部	2011年12月		2011—2015年	否
26	全国节粮型畜牧业发展规划（2011—2020年）	农业部	2011年12月	农办牧〔2011〕52号	2011—2020年	否
27	全国种植业发展第十二个五年规划	农业部	2011年	农农发〔2011〕2号	2011—2015年	否

（续）

序号	文件名称	颁布部门	颁布时间	文号	规划时段	是否为落实《科技规划纲要》制定
28	全国畜牧业发展第十二个五年规划（2011—2015年）	农业部	2011年	农牧发〔2011〕8号	2011—2015年	否
29	全国农村经营管理信息化发展规划	农业部	2012年12月	农经发〔2012〕9号	2013—2020年	否
30	全国农业农村信息化发展"十二五"规划	农业部	2011年12月	农市发〔2011〕5号	2011—2015年	否
31	全国农产品质量安全检验检测体系建设规划（2006—2010年）	农业部	2006年10月	农计发〔2006〕35号	2006—2010年	否
32	全国农产品质量安全检验检测体系建设规划（2011—2015年）	农业部	2012年9月	农计发〔2012〕34号	2011—2015年	否
33	全国农村沼气工程建设规划（2006—2010年）	农业部	2007年4月	农计发〔2007〕7号	2006—2010年	否
34	全国种植业结构调整规划（2016—2020年）	农业部	2016年4月		2016—2020年	否
35	国家林业科技创新体系建设规划纲要（2006—2020年）	国家林业局	2006年	林科发〔2006〕175号	2006—2020年	是
36	国家林业局陆地生态系统定位研究网络中长期发展规划（2008—2020年）	国家林业局	2008年		2008—2020年	是
37	全国林业信息化建设纲要（2008—2020年）	国家林业局	2008年12月	林办发〔2009〕23号	2008—2020年	否

（续）

序号	文件名称	颁布部门	颁布时间	文号	规划时段	是否为落实《科技规划纲要》制定
38	粮油加工业"十二五"发展规划	国家粮食局	2012年1月	国粮展〔2012〕5号	2011—2015年	否
39	全国生物物种资源保护与利用规划纲要	国家环境保护总局	2007年10月	环发〔2007〕163号	2006—2020年	否
40	农机工业发展规划（2011—2015年）	工业和信息化部	2011年3月		2011—2015年	是
41	生物质能源十二五规划	国家能源局	2012年7月	国能新能〔2012〕216号	2011—2015年	否
42	中国科学院中长期发展规划纲要（2006—2020年）	中国科学院	2006年3月		2006—2020年	否
43	粮食加工业发展规划（2011—2020年）	工业和信息化部	2012年2月		2011—2020年	否
44	国家粮食安全中长期规划纲要（2008—2020年）	国家发改委	2008年11月		2008—2020年	否
45	全国农作物种质资源保护与利用中长期发展规划（2015—2030年）	农业部、国家发改委、科技部	2015年	农种发〔2015〕2号	2015—2030年	否
46	东北黑土地保护规划纲要（2017—2030年）	农业部	2017年	农农发〔2017〕3号	2017—2030年	否
47	国家耕地质量监测网络建设规划	农业部				否
48	全国畜禽遗传资源保护和利用"十二五"规划	农业部	2011年12月	农牧发〔2011〕13号	2011—2015年	否

（续）

序号	文件名称	颁布部门	颁布时间	文号	规划时段	是否为落实《科技规划纲要》制定
49	全国畜禽遗传资源保护和利用"十三五"规划	农业部	2016年11月	农办牧〔2016〕43号	2016—2020年	否
50	国家质量兴农战略规划（2018—2022年）	农业农村部、国家发改委、科技部、财政部、商务部、国家市场监督管理总局、国家粮食和物资储备局	2019年2月	农发〔2019〕1号	2018—2022年	否
51	全国生猪遗传改良计划（2009—2020年）	农业部	2009年8月	农办牧〔2009〕55号	2009—2020年	否
52	全国肉牛遗传改良计划（2011—2025年）	农业部	2012年11月	农办牧〔2012〕43号	2011—2025年	否
53	全国奶业发展规划（2016—2020年）	农业部、国家发改委、工业和信息化部、商务部、国家食品药品监督管理总局	2016年12月	农牧发〔2016〕14号		否
54	全国蛋鸡遗传改良计划（2012—2020年）	农业部	2012年12月	农办牧〔2012〕47号	2012—2020年	否
55	全国肉鸡遗传改良计划（2014—2025年）	农业部	2014年3月	农办牧〔2014〕10号	2014—2025年	否
56	全国肉羊遗传改良计划（2015—2025年）	农业部	2015年6月1日	农办牧〔2015〕17号	2014—2025年	否

（续）

序号	文件名称	颁布部门	颁布时间	文号	规划时段	是否为落实《科技规划纲要》制定
57	中国奶牛群体遗传改良计划（2008—2020 年）	农业部	2008 年 4 月	农办牧〔2018〕18 号	2008—2020 年	否
58	全国牛羊肉生产发展规划	国家发改委	2013 年 8 月		2013—2020 年	否
59	全国草原保护建设利用总体规划	农业部	2007 年 4 月			
60	奶业整顿和振兴规划纲要	国务院	2008 年 11 月	国办发〔2008〕122 号		否
61	全国奶牛优势区域布局规划（2008—2015 年）	农业部	2008 年		2008—2015 年	
62	国家农业科技园区发展规划（2018—2025 年）	科技部、农业部、等 6 个部门	2018 年 1 月 22 日	国科发农〔2018〕30 号	2018—2025 年	否
63	"十三五"生物产业发展规划	发展规划司	2017 年 6 月		2016—2020 年	否

表 3　2006—2018 年各部门制定的农业科技或产业发展的其他指导性文件

分类	序号	文件名称	颁布部门	颁布时间	文号
现代农业与农村发展	1	关于切实加强农业基础建设进一步促进农业发展农民增收的若干意见	中共中央、国务院	2007 年 12 月	中发〔2008〕1 号
	2	关于 2009 年促进农业稳定发展农民持续增收的若干意见	中共中央、国务院	2008 年 12 月	中发〔2009〕1 号
	3	关于加大统筹城乡发展力度进一步夯实农业农村发展基础的若干意见	中共中央、国务院	2009 年 12 月	中发〔2010〕1 号

（续）

分类	序号	文件名称	颁布部门	颁布时间	文号
现代农业与农村发展	4	关于加快发展现代农业进一步增强农村发展活力的若干意见	中共中央、国务院	2013 年 2 月	中发〔2013〕1 号
	5	当前稳定农业发展促进农民增收的意见	中共中央、国务院	2009 年	国发〔2009〕25 号
科技工作与新农村建设	6	推进社会主义新农村建设的若干意见	中共中央、国务院	2005 年 12 月	中发〔2006〕1 号
	7	关于积极发展现代农业扎实推进社会主义新农村建设的若干意见	中共中央、国务院	2006 年 12 月	中发〔2007〕1 号
	8	关于加快推进农业科技创新持续增强农产品供给保障能力的若干意见	中共中央、国务院	2012 年 2 月	中发〔2012〕1 号
	9	关于"十一五"农村科技工作的指导意见	科技部	2007 年	国科发农字〔2006〕532 号
	10	关于新形势下加强县（市）科技工作的意见	科技部、中央编办、财政部、人力资源和社会保障部	2011 年 7 月	国科发农〔2011〕309 号
	11	新农村建设科技示范（试点）实施方案	科技部	2007 年 2 月	国科发农字〔2007〕66 号
	12	关于深入开展科技特派员农村科技创业行动的意见	科技部、人力资源和社会保障部、农业部、教育部、中宣部、国家林业局、共青团中央、中国银监会	2009 年 5 月	国科发农〔2009〕242 号
	13	新农村建设科技促进行动	科技部	2006 年 7 月	国科发农字〔2006〕327 号
	14	关于推进县（市）科技进步的意见	科技部、中央编办、财政部、人事部	2006 年 4 月	国办发〔2006〕34 号
	15	关于深入实施星火计划的若干意见	科技部	2007 年 8 月	国科发农字〔2007〕504 号

（续）

分类	序号	文件名称	颁布部门	颁布时间	文号
	16	关于"十一五"粮食科技发展的指导意见	国家粮食局	2006年4月	国粮展〔2006〕63号
	17	关于加快科技创新促进现代林业发展的意见	国家林业局	2012年	林科发〔2012〕231号
	18	关于促进海水淡化产业发展的意见	国家海洋局	2012年	国办发〔2012〕13号
	19	关于加快推进植保机械化的通知	农业部	2008年6月	农机发〔2008〕4号
	20	关于加强农机农艺融合加快推进薄弱环节机械化发展的意见	农业部	2010年11月	农机发〔2010〕8号
农业科技与产业发展	21	关于促进农业机械化和农机工业又好又快发展的意见	国务院	2010年7月	国发〔2010〕22号
	22	关于开展2011年全国粮食稳定增产行动的意见	国务院	2011年	国办发〔2011〕13号
	23	加快推进现代农作物种业发展的意见	国务院	2011年2月	国发〔2011〕8号
	24	关于促进油料生产发展的意见	国务院	2007年9月	国办发〔2007〕59号
	25	关于大力推进农产品加工科技创新与推广工作的通知	农业部	2015年	农加发〔2015〕2号
	26	关于深化种业体制改革提高创新能力的意见	国务院	2013年	国办发〔2013〕109号
	27	关于促进海洋渔业持续健康发展的若干意见	国务院	2013年	国发〔2013〕11号
	28	关于加快推进渔业转方式调结构的指导意见	农业部	2016年	农渔发〔2016〕1号
	29	关于进一步促进农产品加工业发展的意见	国务院	2016年	国办发〔2016〕93号
	30	关于促进现代畜禽种业发展的意见	农业部	2016年	农牧发〔2016〕10号

（续）

分类	序号	文件名称	颁布部门	颁布时间	文号
技术推广与科技创新	31	关于印发《国家农业科技创新体系建设方案》的通知	农业部、科学技术部、财政部、国家发展和改革委员会、人事部、水利部、教育部、国家林业局、中央机构编制委员会办公室	2007 年 4 月	农科教发[2007] 3 号
	32	农业部关于贯彻实施《中华人民共和国农业技术推广法》的意见	农业部	2013 年 1 月	农科教发[2013] 1 号
	33	农业部关于促进企业开展农业科技创新的意见	农业部	2013 年 1 月	农科教发[2013] 2 号
	34	关于加快推进农业科技创新持续增强农产品供给保障能力的若干意见	中共中央、国务院	2012 年 2 月	中发[2012] 1 号
	35	关于加快推进农业机械化和农机装备产业转型升级的指导意见	国务院	2018 年	国发[2018] 42 号
项目与经费管理	36	"十二五"农村领域国家科技计划管理实施细则			
	37	国家高技术研究发展计划（863 计划）专项经费管理办法	财政部、科技部、总装备部	2006 年 10 月	财教[2006] 163 号
	38	国家高技术研究发展计划（863 计划）管理方法	科技部、总装备部、财政部	2011 年 8 月	国科发计[2011] 363 号
	39	关于国家科技计划管理改革的若干意见	科技部	2006 年 1 月	国科发计字[2006] 23 号
	40	国家科技支撑计划管理暂行办法	科技部、财政部	2006 年 7 月	国科发计字[2006] 331 号
	41	国家科技支撑计划专项经费管理办法	财政部、科技部	2006 年 9 月	财教[2006] 160 号

（续）

分类	序号	文件名称	颁布部门	颁布时间	文号
项目与经费管理	42	关于调整国家科技计划和公益性行业科研专项经费管理办法若干规定的通知	财政部、科技部	2011年9月	财教〔2011〕434号
	43	农村领域国家科技计划管理操作手册			
	44	农业部重点实验室管理办法	农业部	2010年9月	农科教发〔2010〕5号
	45	林业科技支撑计划项目管理实施细则	国家林业局科技司	2007年	科计字〔2007〕53号
	46	国家林业生物产业基地认定办法	国家林业局	2012年	林科发〔2009〕275号
	47	国家林业工程（技术）研究中心认定办法	国家林业局	2011年	林科发〔2011〕288号
	48	引进国际先进林业科学技术项目管理办法	国家林业局	2007年	林科发〔2007〕199号
	49	国家粮食局办公室关于印发《国家粮食局国家科技计划项目课题评审管理细则》的通知	国家粮食局	2009年6月	国粮办展〔2009〕147号
	50	国家粮食局办公室关于印发《国家粮食局粮食科技项目管理实施细则》的通知	国家粮食局	2012年12月	国粮办展〔2012〕279号
人才培养与素质教育	51	关于加强农村实用科技人才培养的若干意见	科技部、教育部、财政部、劳动和社会保障部、税务总局、中国科协	2007年12月	国科发农字〔2007〕793号
	52	关于印发《农民科学素质教育大纲》的通知	农业部、中国科协	2007年10月	农科教发〔2007〕11号
	53	关于深入贯彻落实中央1号文件加快农业科技教育改革发展的意见	农业部	2012年6月	农科教发〔2012〕4号
	54	全国林业从业人员科学素质行动计划纲要（2006—2010—2020年）	国家林业局	2006年	林科发〔2006〕174号

（续）

分类	序号	文件名称	颁布部门	颁布时间	文号
	55	关于促进物流业健康发展政策措施的意见	国务院办公厅	2011 年 9 月	国办发〔2011〕38 号
	56	关于完善粮食流通体制改革政策措施的意见	国务院	2006 年 5 月	国发〔2006〕16 号
其他政策意见	57	农机工业发展政策	工业和信息化部	2011 年 8 月	2011 年第 26 号
	58	关于支持农业产业化龙头企业发展的意见	国务院	2012 年 3 月	国发〔2012〕10 号
	59	国家粮食局办公室关于严格执行新《小麦》国家标准和采用合格的硬度检测仪器的通知	国家粮食局	2007 年 5 月	国粮办展〔2008〕81 号

附录 2 农业领域科研平台

表1 农业领域国家科技资源共享服务平台名单

序号	国家平台名称	主管部门
1	国家农业科学数据中心	农业农村部
2	国家林业和草原科学数据中心	国家林业和草原局
3	国家重要野生植物种质资源库	中国科学院
4	国家作物种质资源库	农业农村部
5	国家园艺种质资源库	农业农村部
6	国家热带植物种质资源库	农业农村部
7	国家林业和草原种质资源库	国家林业和草原局
8	国家家养动物种质资源库	农业农村部
9	国家水生生物种质资源库	中国科学院
10	国家海洋水产种质资源库	农业农村部
11	国家淡水水产种质资源库	农业农村部
12	国家菌种资源库	农业农村部
13	国家植物标本资源库	中国科学院
14	国家动物标本资源库	中国科学院
15	国家禽类实验动物资源库	农业农村部

表2 农业领域国家重点实验室

序号	基地名称	依托单位	主管部门	基地类型	地域	建设年份
1	蛋白质与植物基因研究国家重点实验室	北京大学	教育部	依托高校和科研院所建立的国家重点实验室	北京市	1987
2	动物营养学国家重点实验室	中国农业大学、中国农业科学院畜牧研究所	农业部	依托高校和科研院所建立的国家重点实验室	北京市	2004

（续）

序号	基地名称	依托单位	主管部门	基地类型	地域	建设年份
3	草地农业系统国家重点实验室	兰州大学	教育部	依托高校和科研院所建立的国家重点实验室	甘肃省	2011
4	农业虫害鼠害综合治理研究国家重点实验室	中国科学院动物研究所	中国科学院	依托高校和科研院所建立的国家重点实验室	北京市	1991
5	农业生物技术国家重点实验室	中国农业大学	教育部	依托高校和科研院所建立的国家重点实验室	北京市	1987
6	森林与土壤生态国家重点实验室	中国科学院沈阳应用生态研究所	辽宁省	依托高校和科研院所建立的国家重点实验室	辽宁省	2011
7	植物病虫害生物学国家重点实验室	中国农业科学院植物保护研究所	农业部	依托高校和科研院所建立的国家重点实验室	北京市	1989
8	植物基因组学国家重点实验室	中国科学院遗传与发育生物学研究所、中国科学院微生物研究所	中国科学院	依托高校和科研院所建立的国家重点实验室	北京市	2003
9	植物细胞与染色体工程国家重点实验室	中国科学院遗传与发育生物学研究所	中国科学院	依托高校和科研院所建立的国家重点实验室	北京市	1991
10	植物生理学与生物化学国家重点实验室	中国农业大学、浙江大学	教育部	依托高校和科研院所建立的国家重点实验室	北京市、浙江省	2001
11	家畜疫病病原生物学国家重点实验室	中国农业科学院兰州兽医研究所	农业部	依托高校和科研院所建立的国家重点实验室	甘肃省	2006
12	兽医生物技术国家重点实验室	中国农业科学院哈尔滨兽医研究所	农业部	依托高校和科研院所建立的国家重点实验室	黑龙江省	1986
13	农业微生物学国家重点实验室	华中农业大学	教育部	依托高校和科研院所建立的国家重点实验室	湖北省	2003

（续）

序号	基地名称	依托单位	主管部门	基地类型	地域	建设年份
14	林木遗传育种国家重点实验室	中国林业科学研究院、东北林业大学	国家林业局、教育部	依托高校和科研院所建立的国家重点实验室	北京市、黑龙江省	2011
15	亚热带农业生物资源保护与利用国家重点实验室	广西大学、华南农业大学	广西壮族自治区、广东省	依托高校和科研院所建立的国家重点实验室	广西壮族自治区、广东省	2011
16	作物遗传改良国家重点实验室	华中农业大学	教育部	依托高校和科研院所建立的国家重点实验室	湖北省	1992
17	棉花生物学国家重点实验室	中国农业科学院棉花研究所、河南大学	农业部、河南省	依托高校和科研院所建立的国家重点实验室	河南省	2011
18	杂交水稻国家重点实验室	湖南杂交水稻研究中心、武汉大学	湖南省、教育部	依托高校和科研院所建立的国家重点实验室	湖北省、湖南省	2011
19	旱区作物逆境生物学国家重点实验室	西北农林科技大学	教育部	依托高校和科研院所建立的国家重点实验室	陕西省	2011
20	土壤与农业可持续发展国家重点实验室	中国科学院南京土壤研究所	中国科学院	依托高校和科研院所建立的国家重点实验室	江苏省	2003
21	作物遗传与种质创新国家重点实验室	南京农业大学	教育部	依托高校和科研院所建立的国家重点实验室	江苏省	2001
22	作物生物学国家重点实验室	山东农业大学	山东省	依托高校和科研院所建立的国家重点实验室	山东省	2007
23	黄土高原土壤侵蚀与旱地农业国家重点实验室	中国科学院、教育部水土保持与生态环境研究中心	中国科学院	依托高校和科研院所建立的国家重点实验室	陕西省	1991
24	家蚕基因组学国家重点实验室	西南大学	教育部	依托高校和科研院所建立的国家重点实验室	重庆市	2011

（续）

序号	基地名称	依托单位	主管部门	基地类型	地域	建设年份
25	植物分子遗传国家重点实验室	中国科学院上海生命研究院	中国科学院	依托高校和科研院所建立的国家重点实验室	上海市	1986
26	植物化学与西部植物资源持续利用国家重点实验室	中国科学院昆明植物研究所	中国科学院	依托高校和科研院所建立的国家重点实验室	云南省	2001
27	水稻生物学国家重点实验室	中国水稻研究所、浙江大学	农业部	依托高校和科研院所建立的国家重点实验室	浙江省	2003
28	草地农业生态系统国家重点实验室	兰州大学	教育部	依托高校和科研院所建立的国家重点实验室	甘肃省	2011
29	淡水生态与生物技术国家重点实验室	中国科学院水生生物研究所	中国科学院	依托高校和科研院所建立的国家重点实验室	湖北省	1987
30	分子发育生物学国家重点实验室	中国科学院遗传与发育生物学研究所	中国科学院	依托高校和科研院所建立的国家重点实验室	北京市	1994
31	分子生物学国家重点实验室	中国科学院上海生命科学研究院	中国科学院	依托高校和科研院所建立的国家重点实验室	上海市	1984
32	家蚕基因组生物学国家重点实验室	西南大学	教育部	依托高校和科研院所建立的国家重点实验室	重庆市	2011
33	神经科学国家重点实验室	中国科学院上海生命科学研究院	中国科学院	依托高校和科研院所建立的国家重点实验室	上海市	2007
34	生物大分子国家重点实验室	中国科学院生物物理研究所	中国科学院	依托高校和科研院所建立的国家重点实验室	北京市	1989
35	生物反应器工程国家重点实验室	华东理工大学	教育部	依托高校和科研院所建立的国家重点实验室	上海市	1995

（续）

序号	基地名称	依托单位	主管部门	基地类型	地域	建设年份
36	膜生物学国家重点实验室	中国科学院动物研究所 清华大学 北京大学	中国科学院	依托高校和科研院所建立的国家重点实验室	北京市	1986
37	食品科学与技术国家重点实验室	江南大学 南昌大学	教育部	依托高校和科研院所建立的国家重点实验室	江苏省	2007
38	微生物代谢国家重点实验室	上海交通大学	教育部	依托高校和科研院所建立的国家重点实验室	上海市	2011
39	微生物技术国家重点实验室	山东大学	教育部	依托高校和科研院所建立的国家重点实验室	山东省	1995
40	微生物资源前期开发国家重点实验室	中国科学院微生物研究所	中国科学院	依托高校和科研院所建立的国家重点实验室		
41	系统与进化植物学国家重点实验室	中国科学院植物研究所	中国科学院	依托高校和科研院所建立的国家重点实验室	北京市	2005
42	遗传工程国家重点实验室	复旦大学	教育部	依托高校和科研院所建立的国家重点实验室	上海市	1987
43	遗传资源与进化国家重点实验室	中国科学院昆明动物研究所	中国科学院	依托高校和科研院所建立的国家重点实验室	昆明市	1990
44	有害生物控制与资源利用国家重点实验室	中山大学	教育部	依托高校和科研院所建立的国家重点实验室	广东省	1995
45	真菌学国家重点实验室	中国科学院微生物研究所	中国科学院	依托高校和科研院所建立的国家重点实验室		
46	大黄鱼育种国家重点实验室	福建福鼎海鸥水产食品有限公司	福建省科技厅	依托企业建立的国家重点实验室	福建省	

（续）

序号	基地名称	依托单位	主管部门	基地类型	地域	建设年份
47	动物基因工程疫苗国家重点实验室	青岛易邦生物工程有限公司	青岛市科技局	依托企业建立的国家重点实验室	山东省	2017
48	海藻活性物质国家重点实验室	青岛明月海藻集团有限公司	青岛市科技局	依托企业建立的国家重点实验室	山东省	2015
49	啤酒生物发酵工程国家重点实验室	青岛啤酒股份有限公司	青岛市科技局	依托企业建立的国家重点实验室	山东省	2010
50	肉食品安全生产技术国家重点实验室	厦门银祥集团有限公司	厦门市科技局	依托企业建立的国家重点实验室	厦门市	2010
51	蔬菜种质创新国家重点实验室	天津科润农业科技股份有限公司	天津市科学技术委员会	依托企业建立的国家重点实验室	天津市	2001
52	养分资源高效开发与综合利用国家重点实验室	金正大生态工程集团股份有限公司	山东省科技厅	依托企业建立的国家重点实验室	山东省	2016
53	玉米生物育种国家重点实验室	辽宁东亚种业有限公司	辽宁省科技厅	依托企业建立的国家重点实验室	辽宁省	2010
54	作物育种技术创新与集成国家重点实验室	中国种子集团有限公司	国资委	依托企业建立的国家重点实验室	湖北省	2016
55	饲用微生物工程国家重点实验室	北京大北农科技集团股份有限公司	北京市	依托企业建立的国家重点实验室	北京市	2009
56	畜禽育种国家重点实验室	广东省农业科学院畜牧研究所	广东省	依托企业建立的国家重点实验室	广东省	2009
57	非粮生物质酶解技术国家重点实验室	广西明阳生化科技股份有限公司	广西壮族自治区	依托企业建立的国家重点实验室	广西壮族自治区	2009

（续）

序号	基地名称	依托单位	主管部门	基地类型	地域	建设年份
58	肉品加工与质量控制国家重点实验室	江苏雨润食品产业集团有限公司	江苏省	依托企业建立的国家重点实验室	江苏省	2009
59	主要农作物种质创新国家重点实验室	山东冠丰种业科技有限公司	山东省	依托企业建立的国家重点实验室	山东省	2009
60	乳业生物技术国家重点实验室	光明乳业股份有限公司	上海市	依托企业建立的国家重点实验室	上海市	2009
61	生物质热化学技术国家重点实验室	武汉凯迪控股投资有限公司	湖北省	依托企业建立的国家重点实验室	湖北省	2011
62	农业基因组学国家重点实验室	深圳华大基因研究院	深圳市	依托企业建立的国家重点实验室	深圳市	2011
63	土壤植物机器系统技术国家重点实验室	中国农业机械化科学研究院	国资委	依托企业建立的国家重点实验室	北京市	2007
64	种苗生物工程国家重点实验室	宁夏林业研究所	宁夏回族自治区	依托企业建立的国家重点实验室	宁夏回族自治区	2007
65	新农药创制与开发国家重点实验室	沈阳化工研究院	国资委	依托企业建立的国家重点实验室	辽宁省	2007

表 3   农业领域国家工程实验室名单

序号	名称	主要依托单位	获批年份
1	棉花转基因育种国家工程实验室	中国农业科学院棉花研究所	2008
2	西南濒危药材资源国家工程实验室	广西壮族自治区药用植物园	2008
3	生物饲料安全与污染防控国家工程实验室	浙江大学	2008
4	兽用疫苗国家工程实验室	金宇保灵生物药品有限公司	2011
5	作物细胞育种国家工程实验室	中国农业科学院蔬菜花卉研究所	2008

序号	名称	主要依托单位	获批年份
6	南方林业生态应用技术国家工程实验室	中南林业科技大学	2008
7	林木育种国家工程实验室	北京林业大学	2008
8	生物质化学利用国家工程实验室	中国林业科学院林产化学工业研究所	2008
9	畜禽育种国家工程实验室	中国农业大学	2008
10	作物分子育种国家工程实验室	中国农业科学院作物科学研究所	2008
11	濒危药材繁育国家工程实验室	中国医学科学院药用植物研究所	2008
12	粮食储运国家工程实验室项目	国家粮食局科学研究院、河南工业大学、吉林大学和南京财经大学	2011
13	农业生产机械装备国家工程实验室	中国农业机械化科学研究院	2011
14	粮食加工机械装备国家工程实验室	国家粮食储备局无锡科学设计院	2011
15	粮食发酵工艺及技术国家工程实验室	江南大学	2011
16	稻谷及副产物深加工国家工程实验室	中南林业科技大学	2011
17	小麦玉米国家工程实验室（济南）	山东省农业科学院	2011
18	小麦国家工程实验室（郑州）	河南省农业科学院	2011
19	水稻国家工程实验室（南昌）	江西省农科院、福建省农业科学院、江西农业大学、浙江省农业科学院作物与核技术利用研究所	2011
20	水稻国家工程实验室（长沙）	湖南杂交水稻研究中心牵头，湖南农业大学、袁隆平农业高科技股份有限公司	2011
21	土肥资源高效利用国家工程实验室	山东农业大学	2011
22	土壤养分管理国家工程实验室	中国科学院南京土壤所	2011
23	耕地培育技术国家工程实验室	中国农业科学院农业资源与农业区划研究所	2011
24	玉米国家工程实验室（沈阳）	辽宁省农业科学院	2011
25	玉米国家工程实验室（长春）	吉林省农业科学院	2011
26	玉米国家工程实验室（哈尔滨）	黑龙江省农业科学院	2011
27	旱区作物高效用水国家工程实验室	西北农林科技大学	2011
28	作物高效用水与抗灾减损国家工程实验室	中国农业科学院农业环境与可持续发展研究所	2011

表4 农业领域国家工程技术研究中心名单

序号	中心名称	中心依托单位
1	国家肉品质量安全控制工程技术研究中心	南京农业大学、江苏雨润食品产业集团有限公司
2	国家蛋品安全生产与加工工程技术研究中心	北京德青源农业科技股份有限公司
3	国家半干旱农业工程技术研究中心	河北省农林科学院
4	国家昌平综合农业工程技术研究中心	中国农业科学院
5	国家大豆工程技术研究中心	黑龙江省大豆技术开发研究中心、东北农业大学
6	国家淡水渔业工程技术研究中心	北京市水产科学研究所
7	国家家畜工程技术研究中心	华中农业大学、湖北省农业科学院畜牧兽医研究所
8	国家家禽工程技术研究中心	上海家禽育种有限公司
9	国家棉花工程技术研究中心	新疆农业科学院、新疆农垦科学院
10	国家蔬菜工程技术研究中心	北京市农林科学院
11	国家小麦工程技术研究中心	河南农业大学
12	国家节水灌溉北京工程技术研究中心	中国水利水电科学研究院
13	国家林产化学工程技术研究中心	中国林业科学研究院林产化学工业研究所
14	国家农产品保鲜工程技术研究中心	珠海真绿色技术有限公司
15	国家农业机械工程技术研究中心	中国农业机械化科学研究院
16	杨凌农业生物技术育种中心	西北农林科技大学
17	国家杨凌农业综合试验工程技术研究中心	西北农林科技大学
18	国家玉米工程技术研究中心	吉林省农业科学院
19	国家杂交水稻工程技术研究中心	湖南省杂交水稻研究中心
20	国家饲料工程技术研究中心	中国农业大学、中国农业科学院
21	国家农业信息化工程技术研究中心	北京市农林科学院
22	国家油菜工程技术研究中心	华中农业大学、中国农业科学院油料作物研究所
23	国家乳业工程技术研究中心	黑龙江省乳品工业技术开发中心、黑龙江乳业集团总公司
24	国家经济林木种苗快繁工程技术研究中心	宁夏林业研究所股份有限公司

（续）

序号	中心名称	中心依托单位
25	国家瓜类工程技术研究中心	新疆西域种业股份有限公司
26	国家花生工程技术研究中心	山东省花生研究所
27	国家奶牛胚胎工程技术研究中心	北京首都农业集团公司
28	国家花卉工程技术研究中心	北京林业大学
29	国家肉类加工工程技术研究中心	中国肉类食品综合研究中心
30	国家草原畜牧业装备工程技术研究中心	中国农业机械化科学研究院呼和浩特分院
31	国家竹藤工程技术研究中心	国际竹藤中心
32	国家重要热带作物工程技术研究中心	中国热带农业科学院
33	国家兽用生物制品工程技术研究中心	江苏省农业科学院、南京天邦生物科技公司
34	国家茶产业工程技术研究中心	中国农业科学院茶叶研究所
35	国家北方山区农业工程技术研究中心	河北农业大学
36	国家柑桔工程技术研究中心	中国农业科学院柑桔研究所、重庆三峡建设集团有限公司
37	国家马铃薯工程技术研究中心	乐陵希森马铃薯产业集团有限公司
38	国家苹果工程技术研究中心	山东农业大学
39	国家木质资源综合利用工程技术研究中心	浙江农林学院
40	国家农药创制工程技术研究中心	湖南化工研究院
41	国家农产品现代物流工程技术研究中心	山东省商业集团有限公司
42	国家粮食加工装备工程技术研究中心	开封市茂盛机械有限公司
43	国家作物分子设计工程技术研究中心	北京未名凯拓农业生物技术有限公司
44	国家食用菌工程技术研究中心	上海市农业科学院
45	国家枸杞工程技术研究中心	宁夏农林科学院
46	国家植物功能成分利用工程技术研究中心	湖南农业大学
47	国家植物航天育种工程技术研究中心	华南农业大学
48	国家缓控释肥工程技术研究中心	山东金正大生态工程股份有限公司
49	国家桑蚕茧丝产业工程技术研究中心	鑫缘茧丝绸集团股份有限公司
50	国家兽用药品工程技术研究中心	洛阳惠中兽药有限公司
51	国家农业智能装备工程技术研究中心	北京市农林科学院

（续）

序号	中心名称	中心依托单位
52	国家生物农药工程技术研究中心	湖北省农业科学院
53	国家果蔬加工工程技术研究中心	中国农业大学
54	国家红壤改良工程技术研究中心	江西省农业科学院
55	国家设施农业工程技术研究中心	上海都市绿色工程有限公司、同济大学
56	国家棉花加工工程技术研究中心	中棉工业有限责任公司
57	国家动物用品保健品工程技术研究中心	青岛康地恩药业有限公司
58	国家杂粮工程技术研究中心	黑龙江八一农垦大学、大庆中禾粮食股份有限公司
59	国家油茶工程技术研究中心	湖南省林业科学院
60	国家菌草工程技术研究中心	福建农林大学
61	国家农产品智能分选装备工程技术研究中心	合肥美亚光电技术股份有限公司
62	国家粳稻工程技术研究中心	天津天隆农业科技有限公司
63	国家海洋食品工程技术研究中心	大连工业大学
64	国家观赏园艺工程技术研究中心	云南省农业科学院
65	国家脐橙工程技术研究中心	赣南师范学院
66	国家功能食品工程技术研究中心	江南大学
67	国家生猪种业工程技术研究中心	广东温氏食品集团有限公司、华南农业大学
68	国家饲料加工装备工程技术研究中心	江苏牧羊集团有限公司
69	国家种子加工装备工程技术研究中心	酒泉奥凯种子机械股份有限公司
70	国家海藻与海参工程技术研究中心	山东东方海洋科技股份有限公司
71	国家海产贝类工程技术研究中心	威海长青海洋科技股份有限公司
72	国家动物用保健品工程技术研究中心	青岛蔚蓝生物股份有限公司
73	国家海洋设施养殖工程技术研究中心	浙江海洋大学
74	国家淡水渔业工程技术研究中心北京中心	北京市水产科学研究所
75	国家淡水渔业工程技术研究中心武汉中心	中国科学院水生生物研究所
76	国家母婴乳品健康工程技术研究中心	北京三元股份有限公司
77	国家茶叶质量安全工程技术研究中心	福建安溪铁观音集团股份有限公司

（续）

序号	中心名称	中心依托单位
78	国家农产品保鲜工程技术研究中心（珠海）	珠海真绿色技术有限公司
79	国家蛋品工程技术研究中心	北京德青源农业科技股份有限公司
80	国家农产品保鲜工程技术研究中心（天津）	天津市农业科学院
81	国家有机类肥料工程技术研究中心	江苏中宜生物肥料工程中心有限公司、南京农业大学
82	国家农业机械工程技术研究中心南方分中心	广东省现代农业装备研究所
83	国家非粮生物质能源工程技术研究中心	广西科学院
84	国家节水灌溉新疆工程技术研究中心	新疆天业（集团）有限公司、新疆农垦科学院、石河子大学
85	国家节水灌溉杨凌工程技术研究中心	西北农林科技大学

表5 农业领域国家工程研究中心名单

序号	名称	主要依托单位
1	木材工业国家工程研究中心	中国林业科学研究院木材工业研究所
2	玉米深加工国家工程研究中心	吉林华润生化玉米深加工科技开发有限责任公司
3	农药国家工程研究中心（天津）	南开大学
4	农药国家工程研究中心（沈阳）	沈阳化工研究院有限公司
5	化肥催化剂国家工程研究中心	福州大学
6	微生物农药国家工程研究中心	华中农业大学
7	西部植物化学国家工程研究中心	杨凌西部植物化学工程研究发展有限公司
8	农业生物多样性应用技术国家工程研究中心	云南农业大学
9	大豆国家工程研究中心	吉林东创大豆科技发展有限公司
10	生物饲料开发国家工程研究中心	中国农业科学院饲料研究所等
11	动物用生物制品国家工程研究中心	中国农业科学院哈尔滨兽医研究所等

表 6   已验收挂牌的国家农业科技园清单

序号	园区名称
1	新疆昌吉国家农业科技园区
2	辽宁辉山国家农业科技园区
3	山东寿光国家农业科技园区
4	河南许昌国家农业科技园区
5	大连金州国家农业科技园区
6	江西井冈山国家农业科技园区
7	广西百色国家农业科技园区
8	江苏常熟国家农业科技园区
9	湖北武汉国家农业科技园区
10	天津津南国家农业科技园区
11	吉林公主岭国家农业科技园区
12	重庆渝北国家农业科技园区
13	宁波慈溪国家农业科技园区
14	内蒙古赤峰国家农业科技园区
15	安徽宿州国家农业科技园区
16	福建漳州国家农业科技园区
17	贵州贵阳国家农业科技园区
18	陕西渭南国家农业科技园区
19	甘肃定西国家农业科技园区
20	北京昌平国家农业科技园区
21	海南儋州国家农业科技园区
22	四川乐山国家农业科技园区
23	广东广州国家农业科技园区
24	西藏拉萨国家农业科技园区
25	青海西宁国家农业科技园区
26	新疆生产建设兵团石河子国家农业科技园区
27	四川广安国家农业科技园区
28	宁夏吴忠国家农业科技园区
29	河北三河国家农业科技园区

（续）

序号	园区名称
30	江西南昌国家农业科技园区
31	深圳国家农业科技园区
32	上海浦东国家农业科技园区
33	浙江嘉兴国家农业科技园区
34	湖南望城国家农业科技园区
35	云南红河国家农业科技园区
36	辽宁阜新国家农业科技园区
37	青岛即墨国家农业科技园区
38	黑龙江哈尔滨国家农业科技园区

表7 建成试点的涉农产业技术创新战略联盟

序号	名　称	牵头单位
1	茶产业技术创新战略联盟	中国农业科学院茶叶研究所
2	畜禽良种产业技术创新战略联盟	中国农业大学
3	大豆加工产业技术创新战略联盟	国家大豆工程技术研究中心
4	柑橘加工产业技术创新战略联盟	湖南省农业科学院
5	高值特种生物资源产业技术创新战略联盟	中国人民解放军总后勤部军需装备研究所
6	缓控释肥产业技术创新战略联盟	山东金正大生态工程股份有限公司
7	木竹产业技术创新战略联盟	中国林业科学研究院木材工业研究所
8	农药产业技术创新战略联盟	中化化工科学技术研究总院
9	农业装备产业技术创新战略联盟	中国农业机械化科学研究院
10	肉类加工产业技术创新战略联盟	中国肉类食品综合研究中心
11	乳业产业技术创新战略联盟	黑龙江省乳品工业技术开发中心（国家乳业工程技术研究中心）
12	食品安全检测试剂和装备产业技术创新战略联盟	无锡中德伯尔生物技术有限公司
13	饲料产业技术创新战略联盟	北京中农博乐科技开发有限公司
14	油菜加工产业技术创新战略联盟	中国农业科学院油料作物研究所
15	杂交水稻产业技术创新战略联盟	国家杂交水稻工程技术研究中心天津分中心

附录 3　国家重点研发计划立项在农业
领域优先主题落实情况

表 1　2016—2018 年国家重点研发计划立项与农业领域优先主题相关性分析

编号	优先主题	涉及专项	项目数	总经费（万元）	排序
1	种质资源发掘、保存和创新与新品种定向选育	7 个：七大农作物育种、畜禽疫病防控、粮食丰产增效、面源污染防治、现代食品加工、智能农机装备、蓝色粮仓专项	65	271 035.9	3
2	畜禽水产健康养殖与疫病防控	3 个：畜禽疫病防控、智能农机装备、蓝色粮仓专项	70	165 738	4
3	农产品精深加工与现代储运	3 个：现代食品加工、智能农机装备、蓝色粮仓专项	49	127 918	5
4	农林生物质综合开发利用	3 个：林业创新专项、面源污染防治、化肥减施	24	63 054	8
5	农林生态安全与现代林业	4 个：林业创新专项、面源污染防治、化肥减施、蓝色粮仓专项	101	349 723	2
6	环保型肥料、农药创制和生态农业	4 个：粮食丰产增效、面源污染防治、化肥减施、智能农机装备	117	423 040	1
7	多功能农业装备与设施	4 个：粮食丰产增效、面源污染防治、化肥减施、智能农机装备	51	111 526	6
8	农业精准作业与信息化	3 个：粮食丰产增效、现代食品加工、智能农机装备	30	69 156	7
9	现代奶业	1 个：畜禽疫病防控	1	1 219	9

表2 2016—2018年国家重点研发计划（农业领域优先主题）立项情况

序号	专项名称	2016年		2017年		2018年		合计	
		个数	中央财政经费（万元）	个数	中央财政经费（万元）	个数	中央财政经费（万元）	个数	中央财政经费（万元）
1	七大农作物育种	21	156 206.9	20	53 258	10	17 408	51	226 872.9
2	化肥农药减施	13	78 040	21	92 902	15	61 973	49	232 915
3	粮食丰产增效	9	63 000	17	58 684	12	34 778	38	156 462
4	现代食品加工	16	58 500	14	33 043	14	24 799	44	116 342
5	畜禽疫病防控	16	69 175	23	43 875	24	29 150	63	142 200
6	林业科技创新	9	27 887	13	40 622	4	9 765	26	78 274
7	智能农机装备	21	50 725	17	35 021	11	11 942	49	97 688
8	面源污染防治	11	24 082	15	24 664	9	12 720	35	61 466
9	蓝色粮仓专项	0	0	0	0	16	54 906	16	54 906
合计		116	527 615.9	140	382 069	115	257 441	371	1 167 125.9

表3 2016—2018年国家重点研发计划农业领域九大专项按牵头单位类型统计表

编号	单位类型	七大农作物育种		化肥农药减施		粮食丰产增效		现代食品加工		畜禽疫病防控	
		个数	金额（万元）	个数	金额（万元）	个数	金额（万元）	个数	金额（万元）	个数	金额（万元）
1	科研院所	35	167 964.2	31	159 015	19	77 005	7	21 979	27	78 718.25
2	高校	13	55 097.7	17	68 959	19	79 457	24	59 553	33	59 406.75
3	企业	3	3 811	1	4 941	0	0	13	34 810	3	4 075
合计		51	226 872.9	49	232 915	38	156 462	44	116 342	63	142 200

编号	单位类型	林业科技创新		智能农机装备		面源污染防治		蓝色粮仓专项	
		个数	金额（万元）	个数	金额（万元）	个数	金额（万元）	个数	金额（万元）
1	科研院所	20	60 656	14	24 818	25	43 808	9	29 411
2	高校	6	17 618	5	9 578	10	17 658	7	25 495
3	企业	0	0	30	63 292	0	0	0	0
合计		26	78 274	49	97 688	35	61 466	16	54 906

附录4 一批重大农业科技创新成果

1. 国家作物种质资源库

国家作物种质资源库是在国家发改委、科技部、财政部和农业部的大力支持下，并得到美国洛克菲勒基金会和国际植物遗传资源委员会的部分资助，于1986年建成的。总建筑面积3 200平方米，其中低温冷库贮藏面积300平方米，贮藏寿命50年以上。该库负责全国作物种质资源长期保存。目前，低温种质库（－18℃）贮存374种作物43.5万余份种子，试管苗库（10～15℃）和超低温库（－196℃液氮）分别保存40种作物537份和17种作物623份无性繁殖作物种质资源。建有长期库1座，复份库1座，中期分发库10座，种质圃43个，原生境保护点199个，种质信息中心1个。

国家作物种质资源库主要负责全国作物及其近缘野生植物种质资源的长期保存和供种；开展低温库种质安全保存基础理论研究，发展确保库存种质安全保存的预警、监测及更新等技术；研究无性繁殖作物离体试管苗和超低温保存理论和技术，探索发展种质资源新的保存方法与技术；研究制定种质资源保存技术与管理规范，促进种质资源保存质量的提高。

国家作物种质资源库分别于1956年、1978年及2015年开展了3次全国性资源普查与收集工作，收集资源50万份。此外，引进国外优质资源8万份。

近3年，国家作物种质资源库提供信息服务102万人次，有效共享利用33万份次，服务用户单位6 309个，开展专题服务396次，支撑项目/课题965个，支撑成果获得国家级奖11项，支撑发表顶尖论文14篇，支撑新品种培育260个。在解决生产重大问题方面，对23 018份库存水稻资源开展精准鉴定，筛选出7份抗黑条矮缩病种质，培育出抗病新种质，解决了"水稻癌症"难题。在创新种质方面，利用小麦和冰草杂交，创制出育种紧缺的高穗粒数、广谱抗病性等新材料392份。培育新品种8个、参加区试品种24个，覆盖7个主产区。

2. 破解了水稻粒长调控分子机制

揭示了美国长粒粳稻粒长复杂而精确的遗传调控机制,发现水稻染色体拷贝数变异可调控水稻的粒长和品质,为水稻粒形的分子设计和高产优质水稻新品种培育奠定了基础,相关研究成果 2015 年发表在 *Nature Genetics* 上。

3. 解析了控制水稻杂种不育与基因组分化的"自私"基因

首次在水稻中发现了"自私"基因,并且阐明了"自私"基因在维持植物基因组的稳定性和促进新物种形成中的驱动作用,解释了生物界的这一遗传现象,为进一步提高杂交水稻产量提供了新的技术途径,该成果 2018 年发表于 *Science* 杂志。

4. 创新后期功能型超级杂交稻育种技术

相继培育出"协优 9308""国稻"系列等一批创造世界水稻高产纪录的优质高产新品种。其中,"国稻 1 号"连续被农业部确定为全国主导品种,开展了一系列超级稻育种技术研究,极大地丰富了超级杂交稻育种理论,获得 2011 年国家技术发明二等奖。

5. 构建中国小麦条锈病菌源基地综合治理技术体系

查清了中国小麦条锈病菌源基地的精确范围,研发出预测预报吻合率达 100% 的病害大区流行异地测报技术,建立了品种抗锈性鉴定评价与病菌毒性变异监测技术平台,创建了菌源基地分区综合治理技术体系,在全国 8 个省份大规模推广应用,防病保产效果极其显著,近 3 年累计推广应用 2.3 亿亩,增收节支 93.32 亿元,获得 2012 年国家科技进步一等奖。

6. 作物育种材料农艺性状信息高通量获取与辅助筛分技术

针对作物育种信息化的迫切需求,以提高育种效率为目的,围绕主要农作物育种在试验设计,田间记载管理,性状数据的快速采集,育种数据综合管理分析、决策、保存等关键环节信息化的共性需求,研发了一批面向作物育种特定需求的专用仪器设备和软件系统,建立了支持小麦、水稻、玉米、大豆、油菜等主要农作物育种材料农艺性状信息快速获取与辅助筛选分析技术手段，满足高效数据获取、管理及服务需求。

项目集成轻简化、集约化技术及方法20项，形成系列产品29套；在7省市建立试验示范基地8个，管理种质资源21 000多份，筛选品系9 100多个；审定品种10个。项目成果推广覆盖北京、吉林、江苏、山东、湖北、四川、安徽、江西、湖南、甘肃、辽宁等多个省（直辖市），主要软硬件产品在全国400多家育种单位推广。通过项目的实施应用，在田间观测和室内考种等环节提高效率30%，节省人力和时间成本40%以上，显著提高育种效率和规模，推进我国商业化育种进程。

7. 马铃薯主食化关键技术及产业化技术

近年来，围绕马铃薯主食化关键技术和产业化技术，开展了马铃薯蛋白与小麦蛋白间相互作用与调控机制研究，揭示了谷氨酰胺转氨酶可改变马铃薯蛋白与小麦蛋白混合蛋白的二级结构，促进分子间共价交联，形成分子间网络结构；开展了马铃薯泥加工技术装备研究，创制了一步式马铃薯去皮制泥核心装备，建立了马铃薯主食专用薯泥加工关键技术，研发了以马铃薯泥为原料的马铃薯牛角包、贝果等系列主食产品；明确了微酸湿热处理对马铃薯浆热力学特性、流变特性等理化特性的影响规律，创建了马铃薯浆调质加工关键技术，显著提升马铃薯浆的主食加工适宜性，大幅降低了马铃薯主食原料成本；农业行业标准《马铃薯主食复配粉加工技术规范》《马铃薯面条加工技术规范》通过审定，进一步完善了马铃薯主食加工标准体系；集成创建了马铃薯谷物片、挤压类马铃薯面条、马铃薯牛角包等焙烤产品全自动化生产线，在甘肃巨鹏、陕西金中昌信、辽宁绿龙等企业进行了产业化示范；马铃薯主食化战略实施合作企业辽宁绿龙农业科技有限公司马铃薯主食产品、四川光友薯业集团马铃薯方便主食通过美国FDA认证，畅销美国；与甘肃巨鹏公司开展马铃薯产业扶贫创新模式探索，通过土地流转、订单种植、吸收就业、入股分红等方式，建立了"龙头企业＋基地＋贫困户"的产业扶贫模式，带动区域贫困户脱贫致富。朝鲜代表团、马来西亚代表团考察了马铃薯主食化最新成果，马来西亚总理马哈蒂尔品鉴了马铃薯主食化系列产品，称赞该成果是"顶天立地"的完美典型案例。

8. 畜禽健康养殖关键技术研究及应用

针对我国饲料资源利用率偏低、畜禽粪便对环境污染日趋严重、畜禽养殖关键时期营养调控技术研究相对不足等重大问题，开展了一系列研究，诸多成果达到了国际领先水平：熟化了氨基酸平衡、外源酶调控和无抗生素饲养等氮磷减排及药残控制技术，建立了消化道内源性氮磷排泄量和氮磷真消化率测定技术，在畜禽饲料氮磷消化吸收代谢机理方面取得重大发现，创建了畜禽环境安全型饲料配制技术体系，提高了畜禽饲料利用率，降低了猪、禽的粪尿氮磷排泄量；探明了影响仔猪肠道健康的重要分子生物学机理，揭示了仔猪肠道健康调控关键作用机制，系统研究了不同断奶日龄仔猪饲养模式的生理效应及仔猪日粮能量、蛋白质、氨基酸等重要参数，创建了日粮系酸力模型和系酸力与 dEB 值耦合调控新方法，建立了仔猪肠道健康调控关键技术，减少了仔猪腹泻的发生；研究了我国优良地方母猪的合理利用模式及引进母猪的繁殖生理特点和营养需求规律，构建了母猪系统营养理论，实现了母猪终身繁殖力的新突破；研究了肉仔鸡肠道系统发育、营养代谢病、免疫抗病机能和鸡肉品质等的营养调控理论与技术，提高了肉仔鸡增重速度，提高了肉鸡出栏体重、饲料转化率和成活率。2006 年以来，发表学术论文 700 余篇，授权专利近 50 项，制定行业标准 10 余项，获得国家科技进步奖 15 项。

9. 高致病性禽流感等疫病流行病学研究及疫苗的研制与产业化

创建了禽流感等 10 余种病原的毒种库，揭示了其演化规律。发现了 H5N1 病毒获得感染和致死哺乳动物能力以及跨越种间屏障的重要标记，为我国及时调整疫病防控政策提供了关键科学依据。创制出重组禽流感新城疫二联活疫苗、重组禽流感病毒灭活疫苗、口蹄疫病毒 O＋A＋Asia1 型三价灭活疫苗、高致病性蓝耳病减毒活疫苗及诊断试剂等产品 32 种，作为国家指定的疫病防控用品，为控制畜禽疫病的发生与流行，保障养殖业正常生产发挥了重要的作用。建立了猪、禽、牛疫病控制示范场，有效控制了示范场疫病的发生和流行，为国家制定疫病控制和消灭计划提供了经验。2007—2018 年，获国家科技进步一等奖 1 项、二等奖 8 项，国家技术发明奖 1 项。

10. 节粮优质抗病黄羽肉鸡新品种培育

创建了节粮优质抗病黄羽肉鸡品种选育技术体系，创制专门化新品系 11 个，培育出各具特色的国家审定新品种 4 个，推广父母代种鸡 1 100 万套，商品鸡 15.5 亿只，获经济效益 34.15 亿元，获 2017 年国家科技进步二等奖。

11. 优质乳生产的奶牛营养调控与规范化饲养关键技术及应用

在营养调控上，揭示了乳脂肪和乳蛋白偏低的机理，创建了提高乳脂率和乳蛋白率的奶牛营养调控关键技术，突破了制约奶牛生产优质乳的技术瓶颈，该技术获得 2012 年国家科技进步二等奖。实现三大技术突破：第一，在调研和评价我国奶牛饲料资源和养殖实际情况的基础上，运用人工瘤胃、三位点瘘管和营养持续灌注等研究方法，研究揭示了我国奶牛生产实际中乳脂肪和乳蛋白偏低的内在机理，开发了粗饲料利用优化组合、蛋白质饲料高效利用等奶牛营养调控关键技术，使得生鲜乳的乳脂肪和乳蛋白含量显著提高，分别达到 3.5％和 3.1％；第二，系统研究了奶牛合成共轭亚油酸和活性乳蛋白的调控机理，开发了提高生鲜乳中共轭亚油酸（CLA）、免疫球蛋白（IgG）和乳铁蛋白（Lf）含量的调控技术，并实现 CLA 乳制品和活性蛋白乳制品的产业化生产；第三，针对奶牛围产期、泌乳高峰期、热应激期这三个关键时期牛奶品质下降的问题，研发了系列营养调控技术和专用饲料产品，建立了奶牛生产优质乳的规范化饲养技术，制定了优质乳生产全过程控制的《良好农业规范奶牛控制点与符合性规范》（GAP）等国家、行业和地方标准 11 项，为规范奶牛养殖过程管理提供了指南。

目前，该成果的核心技术已经作为全国奶牛科技入户示范工程和中国奶业协会的主推技术得到应用，在全国 20 多个市（县）累计举办各类培训班 2470 余期，培训奶农超过 27 万人次，提升了奶牛养殖水平和从业人员素质，提高了牛奶品质和饲料转化效率，增加了养殖户收益；开发的 CLA 牛奶等系列乳制品丰富了市场特色乳制品供给。

12. 水稻精量穴直播技术与机具

针对我国直播水稻大多是人工撒播、撒播稻疏密不匀、田间生长无序、群体质量不高、抗逆性差等问题，以高产高效为目标，创新提出了"同步开沟起垄穴播""同步开沟起垄施肥穴播"和"同步开沟起垄喷药/膜穴播"的"三同步"水稻机械化精量穴直播技术，首创了水稻成行成穴和垄畦栽培机械化种植新模式。同时，基于该技术还发明了水稻精量水穴直播机和水稻精量旱穴直播机两大类共15种机型，创建了"精播全苗""基蘖肥一次深施"和"播喷同步杂草防除"的水稻精量穴直播栽培技术，在国内26个省（自治区、直辖市）以及泰国等6国推广应用，为水稻机械化生产提供了一种先进的轻简化栽培技术，引领了全国水稻机械化直播技术的发展。该成果获2017年国家技术发明奖二等奖。

13. 花生收获机械化关键技术与装备

针对花生机械化收获长期存在的技术瓶颈难题，发明了防缠绕柔性摘果和鲜秧水平喂入垂直摘果技术，破解了摘果作业秧膜缠绕、破损率高难题，实现高效顺畅作业；发明了自动仿形限深铲拔起秧、挖输防壅堵等技术，解决了挖掘起秧作业壅堵阻塞严重、落埋果损失大的难题；发明了无阻滞双风系一体筛清选技术，解决了清选作业挂膜挂秧、筛面堵塞、清洁度差的难题。为满足多元化市场需求，创制出1种半喂入两行花生联合收获设备和3种花生分段收获设备，以半喂入两行花生联合收获设备为共用平台，通过更换作业部件，亦可兼收大蒜，有效提高了设备利用率和经济性；产品进入国家支持推广的农机产品目录，多次被农业部列为主推技术，现已成为我国花生收获机械市场主导产品，市场覆盖率约为30%，并出口印度、越南等国。该成果获得2015年国家技术发明二等奖。

14. 油菜毯状苗高效移栽技术与装备

针对现有油菜移栽机具作业效率低和适应性差两大难题，突破传统移栽原理，采用规格化高密度的油菜毯状苗结合高速切块栽插技术，实现了大田作物油菜低成本高速机械移栽。单行正常作业可达200～300次/分，是人工移栽的30～50倍、链夹式移栽机的5～8倍、世界先进的全自动旱地移栽机的2～3倍。采用主动波纹圆盘开窄沟、切挤压相结合的覆土合缝机构，解决了原有旱地移栽机对土壤精耕细整的要求，实现了稻茬田耕整后移栽，甚至免耕移栽。油菜育苗移栽缩短了本田生育期，对于保证粮油合理轮作，实现稳产、高产具有重要作用。在江苏、安徽、湖北、四川、上海等油菜主产区推广应用，与同期直播油菜相比平均增产 30％以上，平均每亩省工节本70 元以上。该成果被农业农村部列为"2018 年十项重大引领性农业技术"，成功转让日本洋马公司。

15. 建立海水鲆鲽鱼类基因资源发掘及种质创制技术

完成了世界上第一例鲽形目鱼类（半滑舌鳎）全基因组精细图谱绘制，揭示了生理雌鱼比例低的原因，创建了半滑舌鳎减数和卵裂雌核发育诱导技术，发现牙鲆抗鳗弧菌病能力能够稳定遗传，发明了高产抗病良种选育技术，创制出我国海水鱼类第一个高产抗病优良品种——"鲆优 1 号"牙鲆，生长速度提高 30％左右、成活率提高 20％以上，推广面积占全国牙鲆养殖面积的 30％左右。发明了抑制牙鲆第一次卵裂的方法，创建了牙鲆卵裂雌核发育诱导、纯系构建方法，创制出牙鲆克隆系，创建了全雌高产牙鲆选育技术，创制出我国海水鱼类第一个全雌高产新品种——"北鲆 1 号"牙鲆，生长速度提高 25％左右，推广面积占全国牙鲆养殖面积 55％左右。创制的"鲆优 1 号"和"北鲆 1 号"牙鲆新品种以及高雌半滑舌鳎苗种在全国沿海省市推广后产生了 69 亿元的经济效益，推动了海水鲆鲽鱼类养殖业科技进步和产业发展。

16. 鲤优良品种选育技术与产业化

建立了鲤的基因溯源的种质鉴定技术，构建了鲤基因组研究平台；建立了鲤基于亲本遗传距离的分子育种技术，实现了鲤的选育技术由"表型"选择提升到"表型＋基因型"选择的技术更新；采用多性状复合选育、杂交选育、BLUP 选育及分子选育等技术，培育出适于不同生境的生长快、品质优、抗逆能力强的松浦镜鲤、松荷鲤、豫选黄河鲤和福瑞鲤 4 个优良新品种，4 个品种较选育前生长速度快 12％～91％，养殖和越冬成活率在 90％以上，新品种产量占鲤总产量 80％以上。4 个新品种在 25 个省份推广 361万亩，15 个单位累计新增销售额 129 亿元，三年新增销售额 26 亿元，新增利润 3.6 亿元。结合其他品种使鲤的遗传改良率达到 100％，促进了鲤养殖产业的持续高效发展。

17. 大洋金枪鱼资源开发关键技术及应用

应对全球金枪鱼资源和海洋权益的争夺，1993 年起，通过产、学、研相结合，对金枪鱼资源与环境连续调查，调查面积达 3 272 万平方千米，共收集 124 种捕捞对象的生物学数据，填补了我国公海金枪鱼渔业数据空白；创建了渔场三维环境特征模型，建立了延绳钓钓钩深度三维模型，开发了可视化仿真软件，自主研发了高效生态型延绳钓钓具，显著提高了捕捞效率；首次研发了我国大洋金枪鱼渔场环境信息接收与特征提取技术，研发了渔场渔情信息应用服务系统，实现了渔场速预报，推广应用到我国 47 家企业，301 艘金枪鱼渔船。

18. 长江口重要渔业资源养护关键技术与应用

围绕长江口渔业资源衰退机制和生态修复方法开展了 20 余年的攻关研究，取得了一批原创性成果，填补了多项技术空白。构建了"高精度、高密度、全覆盖"的长江口资源环境监测评估体系，阐明了渔业资源衰退成因及机制，奠定了生态修复和资源养护理论基础，丰富了现代生态学知识；创新了生态修复方法，重建了长江口关键栖息地生境，恢复了水域生态功能，重要渔业资源增殖成效显著，使枯竭 21 年的蟹苗重新恢复并稳定在历史最好水平，成为国际上恢复水生生物资源的成功范例，在技术有重大突破，并在全国 20 余省市推广应用；攻克了长江口珍稀鱼类繁育技术，奠定了增殖放流物质基础，支撑了特色养殖业，实现了保护和利用双赢。

19. 支撑主要热带水果——香蕉、芒果产业提质增效

香蕉产业提质增效。牵头建设了国家香蕉现代农业产业技术体系。收集保存了的 282 份香蕉核心种质资源，选育出巴西蕉、南天黄、宝岛蕉、巴贝多、热粉 1 号、海贡蕉等多个优良新品种，其中巴西蕉、南天黄是主栽品种，推广面积占全国 70%，显著提高了我国香蕉产业的良种覆盖率。建立了香蕉组培苗快繁技术体系和病毒检测技术，使发病率由 92.5% 降至 1% 以下，组培苗防变异技术将组培苗变异率控制在 1% 以下。研发果实养护技术和无伤采收技术，优质果率提高到 90%。获省部级一等奖 3 项，特等奖 1 项。

芒果产业提质增效。收集保存芒果种质资源资源 762 份，占全国芒果种质资源保存总量的 99%，为产业发展奠定了资源基础；构建了我国芒果种质资源鉴定评价技术体系，系统评价鉴定芒果种质资源 680 份；利用筛选创制的优异种质以及"五步杂交育种法"培育新品种 8 个，占全国芒果种植面积的 72%，促进了我国大陆地区芒果早、中、晚熟优势区域布局的形成，构建了周年供应产业技术体系，鲜果收获期从原来的 5—8 月延伸到 1—12 月，实现周年供应。获省部级一等奖 6 项。

20. 快速检测技术与产品为农产品质量安全检测与监管提供了技术手段

在各类项目的支持下，我国农产品质量安全快速检测技术取得了较大发展。创新了农兽药半抗原人工抗原分子设计、黄曲霉毒素高亲和力抗体靶向创制等基础理论，发明了外源因子调控的阳性单克隆杂交瘤半固体培养—梯度筛选方法，研制出农兽药残留、生物毒素等污染物特异性高亲和力抗体、适配体、分子印迹等关键识别材料，为农产品质量安全快速检验检测技术提供了原创核心识别材料。首创出黄曲霉毒素纳米抗体和黄曲霉毒素、玉米赤霉烯酮等剧毒污染物抗独特型纳米抗体，可耐受 70% 有机溶剂和 60℃ 高温，可用作毒素标准品替代物及检测抗原，为研发新型免疫亲和柱及绿色免疫分析技术提供了原创材料和新途径。

利用自主研制的核心识别材料，快速检测技术的科技创新突飞猛进。已成功研发对硫磷等农药残留酶联免疫检测技术、化学发光检测技术，开发了瘦肉精等兽药酶联免疫检测技术、黄曲霉毒素胶体金高灵敏检测技术、真菌毒素时间分辨荧光高灵敏高特异性快速检测技术等，显著提高了农产品检验检测技术的灵敏度和稳定性，大幅提高了我国农产品质量安全检验检测创新水平与市场占有率。

成功研制出鲜活农产品质量安全快速检测产品，如农兽药残留、生物毒素、重金属等污染物 ELISA 试剂盒、胶体金定性试纸条、时间分辨荧光定量试纸条、高灵敏电化学传感器、快速检测生物传感器等产品；研发出鲜活农产品质量安全快速检测设备，如黄曲霉毒素等生物毒素胶体金单光谱成像仪与时间分辨荧光检测仪等配套快速检测设备。近 10 年来"农产品黄曲霉毒素靶向抗体创制与高灵敏检测技术"等 11 项成果获国家技术发明奖或科技进步奖，为保障农产品消费安全与产业发展提供了关键技术支撑。

附录 5　农业农村领域科学家

1. 李保国（1958 年 2 月—2016 年 4 月 10 日）

河北省武邑县人，毕业于河北林业专科学校（现河北农业大学），2005 年获得中南林学院博士学位，河北农业大学二级教授、博士生导师。获得全国先进工作者、全国优秀科技特派员、"时代楷模""燕赵楷模"，河北省科学技术突出贡献奖获得者。获得省部级以上奖励 18 项，技术推广面积 1 826 万亩，培育了 16 个山区开发治理先进典型，打造了系列全国知名品牌，带动省内外 10 万山区农民增收 58.5 亿元。2018 年 12 月 18 日，党中央、国务院授予李保国同志"改革先锋"称号，颁授改革先锋奖章，并获评开创山区扶贫新路的"太行山愚公"称号。

2. 袁隆平（1930 年 9 月—）

江西省九江市德安县人，毕业于西南农学院（现西南大学），1995 年当选中国工程院院士，1999 年中国科学院北京天文台施密特 CCD 小行星项目组发现的一颗小行星被命名为"袁隆平星"，2000 年获得国家最高科学技术奖，2006 年 4 月当选美国国家科学院外籍院士，2010 年荣获澳门科技大学荣誉博士学位。袁隆平是杂交水稻研究领域的开创者和带头人，致力于杂交水稻的研究，先后成功研发出"三系法"杂交水稻、"两系法"杂交水稻、超级杂交稻一期及二期，与此同时，袁隆平提出并实施"种三产四丰产工程"，是中国杂交水稻育种专家，还被誉为"世界杂交水稻之父"。

3. 王一成（1957 年 12 月—2017 年 9 月 12 日）

浙江省温岭市人，毕业于浙江农业大学（现浙江大学），浙江省农业科学院研究员。两度国外留学，放弃留任国外高校科研机构机会，回国一直从事畜禽传染病防治技术研究工作。35 年心系养殖户，奔波在生产一线，服务过 1 000 多家规模化养殖场，亲手解剖病死猪上万头，在重大疫情发生时挺身而出。他检测病原 5 万余项次、血清抗体 40 万项次，将毕生心血奉献给畜牧兽医事业，是业界公认的"浙江猪病防控第一人"。浙江省委书记车俊作出批示，号召全省农业工作者、科技工作者和党员干部学习他的先进事迹。

4. 王辉（1943 年 10 月—）

陕西省咸阳市杨凌区人，毕业于西北农学院（现西北农林科技大学），西北农林科技大学教授、博士生导师、学术委员会委员，陕西省有突出贡献专家。40 多年来专注于小麦育种科研，针对小麦生产中优质强筋品种短缺及赤霉病日益严峻两大突出问题，以特色种质为基础、高产优质抗病为目标，运用渐进聚合的育种手段，培育出多个优质高产的小麦品种，尤其是历经 18 年培育而成的国家冬小麦四大品种、累计种植面积达一亿亩的"西农979"，为确保国家粮食安全作出了卓越贡献。2012 年获得陕西省科学技术最高成就奖。

附录6 重大政策突破

一、现代农业产业技术体系

2007年，农业部和财政部在对我国农业发展基本状况、农业科技创新能力和科技资源布局全面系统调研、充分借鉴国际科技管理经验的基础上，启动建设了现代农业产业技术体系（以下简称"体系"）。经过十余年的建设与发展，体系成功摸索出一整套政府顶层设计、专家自我管理、技术用户评价的科研管理模式，在推动科技与经济有效对接方面取得显著成效。2016年，中国科学院第三方评估中心对体系进行了绩效评估，认为这是我国农业科技领域的一项重大管理创新，是促进农业科研与生产紧密结合的有效途径，是建立全国范围内农业科研协同创新内生机制的成功探索。在2018年农业农村部、科技部联合开展的农业农村科技改革创新专题调研中，院士、基层推广人员、省地科教单位、农业行政主管部门，均对体系给予充分肯定和高度赞扬，认为这是近十多年来我国最成功的科技管理创新和机制创新，是在中国体制下促进科技与经济深度融合、实现科技协同创新的典型模式。

（一）基本情况

体系的布局思路与以往的科研项目不同。体系是以农产品为核心，按照从产地到餐桌的全产业链中的各关键环节来配置创新链、资金链，目的是在同一产业内形成跨部门、跨区域、跨单位、跨学科的优势科技力量的联合协作，合力解决产业重大问题。

体系建设以来，一直是50个体系，经略微调整，目前建设的50个体系是水稻、玉米、小麦、大豆、大麦青稞、谷子高粱、燕麦荞麦、食用豆、马铃薯、甘薯、木薯、油菜、花生、特色油料、棉花、麻类、糖料、蚕桑、茶叶、食用菌、中药材、绿肥、大宗蔬菜、特色蔬菜、西甜瓜、柑橘、苹果、梨、葡萄、桃、香蕉、荔枝龙眼、天然橡胶、牧草、生猪、奶牛、肉牛牦牛、肉羊、绒毛用羊、蛋鸡、肉鸡、水禽、兔、蜂、大宗淡水鱼、虾蟹、贝类、特色淡水鱼、海水鱼、藻类，涵盖了《全国优势农产品区域布局规划》和《全国特色农产品区域布局规划》中75%的主要农产品。

每个体系设置 1 个国家产业技术研发中心和 1 个首席科学家岗位。采取首席科学家负责制，由首席科学家负责体系综合管理。产业技术研发中心即首席科学家所在单位，下设育种、病虫害（疫病）防控、栽培（养殖）、机械装备、产后处理加工、产业经济等 6 个功能研究室。功能研究室内设若干研究岗位，从事产业技术发展需要的基础性工作，开展关键和共性技术攻关与集成，解决国家和区域的产业技术发展的重要问题。每个体系除设置产业技术研发中心外，在主产区设立若干综合试验站，每个试验站设 1 个站长岗位，并辐射带动周边 5 个示范县。综合试验站主要职能是开展产业综合集成技术的试验、示范，培训农技人员和科技示范户，开展技术服务，调查、收集生产实际问题与技术需求信息，监测分析疫情、灾情等动态变化并协助处理相关问题。这样的布局设计，能够保证在每个农产品的产前、产中、产后各环节都有相应的科技力量进行支撑，既避免了以往产业链割裂、技术力量不平衡的弊端，也合理配置了种植、畜牧、水产等产业间和区域间的科技资源和研发力量，促进各产业的协调发展。

目前，体系共设立 50 个首席科学家岗位、1 370 个科学家岗位，并在主产区设立 1 252 个综合试验站站长岗位。共聘任了来自全国 800 多个中央和地方科教、企事业单位的 2 600 余名优秀科技人员参与体系建设，共同围绕产业问题开展联合攻关。同时，体系内的科研人员还带动团队成员 1 万余人，体系内的综合试验站还辐射带动了 6 000 多个示范县（区），与 2 万余名基层农技推广骨干建立了长期合作关系。中央财政每年为每个首席科学家投入 30 万元管理经费，为每个科学家岗位投入 70 万元基本研发费，为每个综合试验站投入 50 万元研发和试验示范经费。

（二）取得的成效

体系自建设以来始终坚持以产业需求为导向，集聚优质资源，进行共性技术和关键技术研究、集成、试验和示范，并开展技术培训、政策咨询和应急服务等工作。十余年来，在促进技术进步、保障国家粮食安全、主要农产品有效供给、推动农业转型升级等方面发挥了巨大作用。主要表现在以下三个方面：

①全面提高了我国农业科学研究水平和产业技术供给能力。体系围绕保障国家粮食和食品安全、生态安全、农民增收的战略目标，针对农业产业的关键共性技术问题，在动植物种业、规模化种养业、绿色生产模式、重大病

虫害与疫病防控、农业设施与装备、农产品精深加工与现代储运、产业政策咨询等领域,开展了多学科联合攻关,形成了系统的科技研发及成果转化体系,支撑了现代农业的可持续发展。

一是产出了一大批标志性成果。体系自己或者通过与其他项目的合作取得了130项标志性成果和328项重大成果,建立了玉米单倍体育种技术体系,并应用于育种实践;发现大豆疫霉菌致病新机制,并应用于性状鉴定和品种改良;柑橘体系针对甜橙供应期短的问题,研究集成了苗木繁育、配套栽培、品种留树保鲜、病虫害防控等关键技术,实现了甜橙9个月鲜果供应,彻底改变了柑橘产业传统生产方式;燕麦荞麦体系,围绕盐碱、沙化土地资源利用问题,优选出多个耐盐碱品种,并研发出配套的盐碱地高效栽培技术,使燕麦成为盐碱地区农牧民发家致富的"摇钱树";建立了生猪重要肉质性状的标准化评估技术体系,提高了生猪新品种培育和规模化生产的水平和效率;建立了我国地方鸡品种保护与开发利用技术体系和分子生物技术育种体系,显著提升了肉鸡蛋鸡的市场竞争力;研制出牙鲆、大菱鲆四倍体诱导技术,构建了工业化养殖模式,加速了鲆鲽类养殖方式转变和产业升级。"十二五"期间,农业领域2/3的国家级科技奖励成果由体系人员主持或参与完成。

二是推动了产业技术进步。农业农村部推介的主导品种、主推技术一半以上是由体系研发的,大幅度提升了农产品综合生产能力。如水稻体系培育的"龙粳系列"品种在黑龙江省年种植面积近3 000万亩,占黑龙江省水稻总面积的48.7%。大豆体系培育的品种占全国大豆品种推广面积的50%以上。油菜体系选育的80多个具有"双低"、高油、高产、广适、早熟、抗逆、适宜机收等特性的新品种,全国示范推广面积超过3.6亿亩。在提升机械化生产水平方面,水稻体系创制了钵形毯状育插秧技术,年推广面积超过2 000万亩,占全国水稻机插秧面积20%以上。培育的国产蛋鸡品种市场占有率从30%提高到50%以上,摆脱了对进口品种的依赖。研发并组装保鲜、贮运、加工中试线500余条和生产线900余条,大幅度延长了农产品的产业链条,有效带动了农业产业升级和综合效益全面提升。

三是加强了传统特色产业技术研发。体系支持了谷子糜子、燕麦荞麦、大麦青稞、芝麻、胡麻、向日葵、蚕桑、甜菜、食用豆、麻类、兔、蜂等具有传统优势的小作物、小动物品种,稳住了研究队伍,保护了品种资源,使研发工作迅速得到恢复、保持、发展和提升，有力推动和壮大了我国特色小产业发展。

四是强化了科研基础性工作。建立了主要农产品种质资源、土壤肥料、产品开发等科技基础数据库和生产形势、成本收益、市场与贸易等产业经济基础数据库，摸清了产业家底，为分析产业发展趋势、服务生产决策提供了可靠的数据支撑。

②有力支撑了国家粮食连年丰产、主要农产品有效供给和农民持续增收。一是有效提高了粮食综合生产能力。培育了一批产量、品质和抗性突出的新品种，包括水稻、小麦、玉米，集成了绿色增产增效技术，构建了三大粮食作物不同生态区的高产高效、优质、智能机械化的栽培技术体系。二是有力提升了农业抗灾减灾能力。近年来，我国各地农业生产极端天气频发、病虫害不断加重，体系专家深入一线、综合研判、积极应对。据不完全统计，体系参与汶川地震、南方雨雪冰冻等重大自然灾害灾后恢复生产技术指导服务逾2万人次，提出各类应急预案和技术解决方案近1 000个，形成灾情调研报告300多份，为我国稳定农业生产提供了有力的技术支撑。三是积极助推特色产业成为农民增收新手段。体系建设以来，谷子糜子、燕麦荞麦、大麦青稞、甘薯、食用豆、向日葵等传统优势产业重新焕发生命力，在推动农业发展转方式、调结构以及产业扶贫和农民增收中，支撑带动作用越来越明显。谷子高效生产综合技术解决方案将农户综合生产能力提高20倍以上，涌现出一大批千亩、万亩规模化生产的谷子新型经营主体。燕麦荞麦体系筛选的耐盐碱燕麦品种，每公顷能生产1.5吨籽实和2～3吨优质饲草，土壤脱盐率达到23.7%，实现了"产粮产草增效益，减盐减投益生态"的多重收益。四是有力支撑了政府决策。体系建立以来提供与产业发展有关政策建议、调研报告、咨询报告等4 500余份，其中获省部级及以上领导批示353份、被地方政府采纳1 615份、被企业采纳1 766份，为农业产业和技术发展提供了科学的决策参考。奶牛体系和牧草体系提出国家应加大对苜蓿产业支持力度的建议，促成了2012年"振兴奶业苜蓿发展行动"计划的启动，并写入当年中央1号文件。玉米体系提交的《做大做强我国种子产业的建议》、绒毛用羊体系提出的《关于提升我国羊毛产业国际竞争力的政策建议》、麻类体系提出的《关于在重金属污染地区发展麻类作物生产的咨询报告》等政策建议报告，均获得国家领导人批示。这说明了产业技术体系的综

合性、宏观性、及时性，是接地气的，体系对生产一线了解十分全面，同时又能及时凝练问题、解决问题，最终转化为推动产业发展的政策措施，其作用是顶天立地的。

③成功探索了符合中国国情和农业科技创新规律的科研组织模式。体系建立以来，坚持以产业需求为导向，通过多学科联动、跨单位协同，充分发挥集中力量办大事、办难事、办基础和长远事的独特优势，把专家的积极性调动起来，把各自的优势发挥出来，形成合力，破解了以往依靠单个课题、单个项目、特色单个单位无法解决的产业技术问题，形成了符合中国国情和农业科技创新规律的"体系模式"。

一是注重长期稳定支持，体现农业科研规律性。农业生产周期长、区域性强、技术制约因素复杂，农业科研的特点和内在规律必然要求以长期稳定支持为主。体系契合了农业产业特点、农业科技规律，通过中央财政的持续稳定支持，使科研人员能够更加安心、静心、潜心开展研究，更有利于出好成果、大成果，解决大问题、综合问题。

二是注重全链条布局，体现科研组织运行的独特性。体系在不触动现行管理体制前提下，以50个农产品为单元，以产业为主线，围绕产业链部署创新链，围绕创新链部署资金链，推动了农产品从生产到消费的链条式发展，实现了同一产业不同学科间融合，同一研究领域上中下游有机链接，同一科技资源跨单位有效整合利用。

三是注重跨部门协作，体现与国家科技体制改革目标的一致性。针对长期以来科技界普遍存在资源配置碎片化、科技与经济"两张皮"等问题，体系围绕产业链，跨部门、跨区域、跨单位合理配置科技资源和研发力量，形成稳定的创新团队。围绕产业发展需求确定体系研究任务，围绕研究任务确定联合协作机制，围绕联合协作确定人才队伍配置，有效发挥了"国家队"和"结晶核"的作用。

四是注重产学研一体化，体现科研推广培训的衔接性。过去科研、推广、培训三大系统脱节问题比较突出，中间缺少"一体化"的连接机制，而体系正好发挥了承上启下，上传下达的功能，健全了科技一体化机制，补齐了"短板"环节。体系一方面加速已有研究成果的快速转化，另一方面在生产中发现问题，及时响应，凝练课题，为国家其他科技计划立项提供依据。体系专家深入一线，及时发现生产问题、凝练科学命题、承担项目课题，开展协作攻关，形成综合技术解决方案。因此，产业技术体系上与国家的科技计划，下与农技推广、农民教育培训体系连接在一起，发挥了整体的功效。

五是注重全方位服务，体现推动产业发展的不可替代性。体系打造了一支全天候支撑、全领域覆盖、全身心投入的专家队伍，时刻瞄准产业发展的重大问题，及时研究提出重大技术措施，推动政府出台相应政策措施。按照国家战略决策和工作部署，体系把技术措施落实到转方式、调结构以及生态循环农业发展等重大工作措施当中，已成为解决产业科技问题的"主力军"、促进农业产业发展的"智囊团"、开展应急服务的"突击队"。

二、公益性行业（农业）科研专项

为了贯彻落实党中央、国务院提出的"加强自主创新，建设创新型国家"号召，切实转变经济发展方式，不断提高行业科技发展水平及其对现代农业发展的引领作用，2006年中央财政根据《国务院办公厅转发财政部、科技部关于改进和加强中央财政科技经费管理若干意见的通知》精神，设立了公益性行业科研专项，力主在应用基础研究、重大公益性技术预研、实用技术研发、国家标准创制等方面形成突破性行业成果。

农业领域公益性行业科研专项（以下简称"专项"）自启动以来，紧紧围绕国家粮食安全和农业生产可持续发展的产业需求，按照《国家中长期科学和技术发展规划纲要（2006—2020年）》关于重点领域和优先主题的部署，加强顶层设计和统筹规划，开展了农业领域应急性、培育性、基础性的科技攻关。

启动至今，专项在品种增产潜力挖掘、轻简高效种养技术创新集成、动植物病虫害和非生物灾害防控、新型实用农业机械研究、资源高效利用等方面开展了系统研究，取得了重要突破，特别是解决了一批长期制约粮食持续增产增收和农业稳定发展的关键共性技术问题，并在生产中予以大面积示范应用，得到了全国农业科技界和财政部的高度认可，在推动我国农业科技创新与技术推广、服务现代农业转型升级中发挥了重要支撑作用，也为实施乡村振兴战略夯实了基础。

（一）立项情况

2007年启动至今，专项共立项411个，中央财政投入76亿元，涵盖了种业、植保、土肥、栽培、水资源利用、农机化、信息化、加工、资源环境、小产业（品种）、区域农业、畜牧、兽医、渔业等领域。

截至目前，验收结题 363 个项目，涉及资金 65.772 亿元。包括植保类 74 个、畜牧兽医类 59 个、农业资源环境与能源生态类 37 个、园艺类 35 个、土肥水栽培类 33 个、渔业类 27 个、农产品加工和质量安全类 24 个、农业机械化类 16 个、种业类 6 个、小产业 6 个、核技术 2 个、功能水稻 1 个、农业信息化类 1 个。按项目承担单位管理权限划分，农业部系统承担项目数 118 个，占 32.51%，其他系统承担项目数 245 个，占 67.49%。

（二）科技产出

截至目前，专项在实施过程中共形成轻简化和集约化生产技术 3 243 项，建设试验基地 4 043 个、生产线 243 条、中试线 357 条，在全国建立示范点 6 695 个，形成各类技术手册指南 54.76 万本。制定国家标准 182 项、行业标准 876 项、地方标准 1 148 项、企业标准 454 项。申请各类知识产权专利 5 895 项，获得专利 6 226 项；获得植物新品种权 206 个，编写研究报告和论文 2.93 万余篇，其中国内发表 2.15 万余篇，SCI 发表 7 800 余篇。育成动植物新品种 581 个，获得单项新技术 5 489 项、新材料 38 198 份、新工艺 82 个、新设备 1 197 套、新产品 1 948 个。共获各类奖项 1 313 项，其中国家级奖励 83 项，省部级奖励 971 项，鉴定科技成果 671 项。

（三）实施成效

专项实施以来，重点围绕我国农业生产可持续发展的实际需求，在粮食等农作物生产（粮、棉、油、果、菜）、肉蛋奶鱼菜篮子供应（畜牧、兽医、水产）、现代农业设施与装备（农机、渔机、牧机）、资源环境利用与可持续发展以及农产品加工与质量安全等五大领域开展了系统研究，突破了一批限制粮食增产和农业可持续发展的基础性、关键性问题，通过大面积示范和推广应用，推进了农业科技成果"落地生根"，有效提升了我国粮食、棉油、果蔬、畜牧、水产等农产品的生产力水平和持续增产能力，为保障我国粮食安全和主要农产品有效供给、推进农业绿色可持续发展提供了强有力的科技支撑。

1. 突破种业、植保、施肥、疾病防控领域关键核心技术，有效提升粮食等主要农产品持续增产能力

为推动"藏粮于地、藏粮于技"，针对新时期现代农业发展的现状和种植业结构调整的迫切需求，专项大力促进良种良法配套、农机农艺融合，提升主要农作物产量和质量。一是强化种业基础性公益性研究，坚持自主创新与技术引进相结合，推进重要农作物育种创新。二是加强配套技术的研发，结合区域特征和品种特性研发高产、稳产关键技术，充分发挥优良品种的效益。三是集成化肥农药减施增效技术，提升资源利用效率，降低化肥农药施用量。

（1）筛选、培育出一批农作物重大新品种，为粮食等农作物增产提供源头保证

针对我国农作物育种遗传领域的技术软肋，专项重点支持了玉米、水稻、大豆等重要农作物的高效育种技术开发、品种选育和试验示范，成功培育一批单产和品质显著改善的农作物新品种。一是通过构建分子育种技术平台，利用 DUS 测试技术为品种审定和植物新品种保护提供技术支撑，并依托平台建立玉米、水稻育种的全国协作网，构建了高通量分子标记公共技术平台（包括联合测试网络），面向企业提供全方位育种技术服务。通过种质引进并采用群体改良和二环选系等循环育种技术，创制耐密抗逆玉米育种新材料、低谷蛋白功能稻等一大批育种资源材料，为重大农作物新品种的持续产出与后续品种选育提供了丰富的基础保障。二是培育推广了包括玉米、水稻、马铃薯、木薯、食用豆在内的一批突破性粮食作物"三高"新品种，育成向日葵、油菜、芝麻等一批专用经济作物新品种，以及专用高品位高产桑蚕新品种。

（2）研发出一批轻简化栽培技术与高效种植模式，为主要农产品增产提供技术支撑

针对我国农业生产特点和产业需求，专项重点支持开展了高产、高效农作模式和栽培技术研发。一是创新示范了双季稻三熟区稻田多熟高效、麦一稻两熟区高效环保、东北平原地力培育与持续高产、西北地区水土资源高效利用、西南丘陵旱地多熟高效等多种高效农作制模式及配套技术，形成了一批抗逆、高产、优质、高效的轻简化栽培技术，并建立了适应气候变化的我国农作物区域布局和农作制增产模式，以及长江上游再生稻、西北麦后复种油菜栽培新模式等一批有效提高复种指数和单位面积产出的地方栽培新模式；二是建立了以良种为核心，推进良种、良田、良制、良法、良机有机结合的良种良法配套高效生产技术体系，以及棉花简化种植节本增效生产技术

等一批轻简化农机农艺结合的栽培技术。

（3）开发出一批土壤改良与施肥调控关键技术，为实现我国化肥负增长提供技术支撑

针对粮食增产中存在的局限性问题，专项重点支持了土壤培肥、盐碱地改良、南方低产水稻土改良等土壤肥料技术的开发和试验示范。一是开发了一批土壤改良和作物施肥技术，包括在我国五大盐碱区研发的盐碱地改良利用技术、南方低产水稻土改良利用等中低产田改造技术、不同肥力土壤有机质维持和提升的有机物管理技术等。二是建立了主要农作物高产与资源高效利用的养分管理技术，并研发出水稻、玉米、小麦等粮食作物用的区域作物配方肥料、商品有机肥、有机无机复合肥等产品 70 个，具有不同功能的微生物有机肥产品 38 个。通过养分管理与配方施肥技术与不同区域所使用肥料品种的搭配，显著提高了肥料使用的综合效益。

（4）突破了一批重大病虫草害防控关键技术，为提前实现化学农药负增长提供技术保障

专项瞄准我国农业现代化过程中对植保技术的重大需求，共研发了 350余项实用防控技术或规程、220 余个防控物化产品，集成推广了 100 余项综合立体防控技术体系，一批实用化新型植保技术在我国农产品主产区得到了广泛的推广和应用。一是通过在全国 580 多个调查基点（县）针对 15 种主要农作物的有害生物种类进行基础性调查，摸清了我国有害生物种类、分布及发生危害家底，为准确预测预报提供了科学依据。在此基础上，明确了水稻、小麦、棉花、蔬菜、果树、油料等主要农作物重大有害生物的基础生物学，有效指导了防控措施的制定。此外，还揭示了次要有害生物的再猖獗机制，为提高综合防治能力奠定了基础。二是推动了植保行业的科技创新与技术进步，研发了一批检测监测关键技术与产品、环境友好型防治技术和产品、低容量喷雾及飞机施药等新型装备，从而大幅度提高了预测预报水平，减少了农药使用，保障了产品安全和产业安全。三是初步构建了主要农作物病虫草害全程立体绿色综合防控技术体系和防控技术研究与推广应用平台，为持续提升控害能力提供了技术支撑与保障。

2. 加强优质动物新品种培育、畜禽水产健康养殖与重大动物疫病防控技术研发，实现传统养殖业升级换代与畜产品生产提质增效

（1）培育出一批畜禽水产新品种，显著提高了生产能力

　　针对畜禽水产新品种匮乏、生产方式落后的突出问题，在已有工作基础上，专项支持筛选培育了肉牛、蛋鸡、奶山羊、家兔、罗非鱼、海藻、牧草等一批生产性能好、增产潜力大的新品种，促进了主导品种和主推技术的有效衔接，为畜产品和水产品提质增效提供了有力的科技支撑。例如，肉牛方面，培育出了日增重达 0.8 千克以上，适龄屠宰时体重达 500～600 千克的秦川肉用新品系 1 个；蛋鸡方面，培育出新杨绿壳蛋鸡和新杨白壳蛋鸡两个配套系，并通过国家新品种审定，同时培育了 4 个遗传结构稳定、外观性状突出、生产性能优良、应用广泛且具有自主知识产权的特色新品系；奶山羊方面，培育出新型高产品种"文登奶山羊"，并完成审定工作；水产方面，初步建立水产动物生物分子育种技术体系，构建了牙鲆、鲤等 8 个物种的遗传连锁图谱，完成国际上首个水产动物超高密度 SNP 分型芯片，培育 14 个水产养殖新品种，有效提升了我国水产育种技术的原始创新能力。

　　（2）有效提升了饲料营养价值，为实现精准饲养打下坚实基础

　　为推动饲料资源的科学有效利用，专项开展了饲料原料采样方法及样本描述的标准化、规范化研究，制定了 50 余项畜禽营养参数，完成了 45 种原料的营养价值评定和多种秸秆资源的配套利用技术，为畜禽精准饲养提供指导依据。例如，在畜禽营养需要方面，构建了猪净能体系，完成了生长猪和育肥猪的维持代谢能、维持净能，妊娠母猪和泌乳母猪对苏氨酸、缬氨酸需要量，以及仔猪和生长猪的蛋氨酸、钙和磷的需要量的研究；在饲料资源利用方面，确定了近红外反射光谱快速测定小麦中氨基酸及有机元素含量的方法，并建立了 10 种猪饲料原料由化学成分预测有效营养成分的预测方程。完成了 10 种饲料的有机物和蛋白质瘤胃降解率测定；进行了稻草、油菜秸秆、皇竹草等物理、化学、微生物处理，混合青贮以及营养价值体内外评价等研究工作。

　　（3）开发出一批畜禽水产新技术、新体系、新模式，有效提升了产能效益

　　在健康养殖技术方面，新技术和新产品的应用改变了传统产业的发展模式，极大降低了养殖成本，经济效益明显提升；在环境控制和动物福利方向，建立了家禽福利养殖生理生化指标评价体系和福利养殖营养调控关键技术，构建了远程畜禽舍环境监测平台，开发了蛋鸡养殖舍湿帘降温系统分级调控模式，研制了畜禽舍自动清洁系统。在黄海、东海和南海构建了我国首

批基于现代工程学和生态系统水平管理的栖息地修复技术模式，取得了较大的生态、经济和社会效益；在水产设备方面，突破了渔船船型优化技术，研制出我国第一艘电力推进拖网渔船，在单机运行的状态下同比节能 20% 以上；在草畜产业方面，分别在农牧交错带、北方草甸草原、北方典型草原以及西南草山草坡等地构建了草畜平衡技术体系，总体经济效益提高 40%。

（4）推动了畜禽水产疫病防控理论和操控技术进步，重大动物疾病预防与控制能力大幅提升

针对我国目前动物疫病老病新发，人兽共患病种类多、流行范围广等潜在威胁情况，专项重点开展了包括口蹄疫等优先防治畜禽重大疫病、弓形体病等人兽共患病在内的多种重大疾病的研究，基本摸清了其流行特征和发展趋势，发现了一些防控技术薄弱环节，揭示了一些疫病的传播机制，分离获得了一大批重要动物疫病的毒株与菌种。同时研发了更加科学、合理的动物疫病新的检测技术、诊断方法以及系列化产品。动物疫病控制技术的示范推广和综合利用，有效地控制了相关疫病的传播和流行，经济、社会效益显著。如草鱼出血病活疫苗在广东、广西、福建、海南、湖北、湖南、四川、浙江、江苏等多个省份进行了区域性试验，保护率高达 90% 以上，发病损失减少 20%~40%。

3. 研发并创立了一批区域性机械化成套生产装备、全程机械化技术体系，提升我国现代农机装备发展水平

（1）研发出一批农业生产急需的新装备、新技术，提升农业生产重点环节机械化作业水平

专项紧密结合现代农业对装备技术的重大需求，重点围绕玉米、水稻等大宗作物种植与收获环节，持续开展机械化关键技术、机械化技术体系集成等基础性研究。通过专项实施，共研究开发新型农机装备 45 种，筛选改进机具设备 65 种，新增玉米种植与收获、油菜收获等生产线 30 余条，大部分机具已经实现产业化，获得国家发明或实用新型等专利授权 510 余件，为不同区域专属作物关键环节的农机化作业提供了大量先进适用的农业装备，有效提升了机械化水平。其中，在玉米机械化领域研发的 2BQ-7 型气吸式玉米精量播种机结束了我国高速气吸式精量播种机依赖进口的局面，成为农垦农场和农机合作社等规模化作业的主要机型；在棉花机械化方面研发的新型指杆式棉花收获装备，建立了华北棉花生产全程机械化技术模式；在花生、

马铃薯、大蒜等机械化方面，成功研发出3种花生联合收获机，是国内唯一进入国家支持农业机械推广名单和享有农机购置补贴的机具，其中4HLB-2型花生联合收获机实现了沙壤土、轻质壤土地区花生联合收获，同时该机型通过更换作业部件，还可兼收大蒜和胡萝卜等土下果实，实现了一机多用。

（2）建立粮油糖作物全程机械化技术体系，集成优势区域机械化生产技术模式

针对农机农艺不配套的瓶颈问题，专项以项目实施为载体，以节本增效为目标，积极推动品种、农艺与农机协同创新，大宗作物优势产区机械化技术体系日渐成熟，成为农机化领域公益性行业科研专项的最大亮点。通过项目实施，共筛选或培育适宜机械化的新品种60个左右，共形成50余套区域性机械化生产的技术体系与模式，制定农艺技术规程、行业标准等60余套，建立试验示范基地110个，提高了单项作业环节之间的配套性，提升了全程机械化技术系统性与适配性。通过装备技术的研究开发、试验示范的带动，甘蔗、棉花等大宗经济作物机械化生产取得突破性进展，林果业、畜牧业、渔业、设施农业和农产品初加工机械化协调推进。

（3）研发南方丘陵山区等粮经作物和果园茶园机械化共性技术，有效促进丘陵山区果茶叶机械化发展

在南方丘陵山区机械化方面，通过专项实施，为丘陵山地机械化创制了一批适应性、经济性、可靠性及作业性能兼具的先进技术设备，推广使用后，丘陵山区主要粮食作物收获效率8～15倍，提高橘园运输效率5～6倍，提高喷药作业效率60%，为破解当地青壮年劳动力短缺问题、稳定主要粮油作物种植面积和产量、提高农业生产效益、实现南方丘陵山区机械化加速发展奠定了良好基础。例如，南方果园管理与运输用工量和劳动强度非常大，项目突破了链式索轮防脱落、山地转弯、变轨、拆装等技术难题，成功研发出链式索道、单轨、双轨和无轨4套山地橘园运输技术与机械系统，为实现山地果园货运机械化提供了完整的技术方案。同时，突破了果园信号屏蔽、管道压力自动检测与智能控制等技术难题，形成了管道恒压喷雾、遥控喷雾、搭载移动喷雾、滴灌控制、机械化修剪等多套适用技术与装备系统，为提高山区果茶园抗灾、减灾和管理能力提供了比较完整的技术方案。

（4）创制设施种植、养殖成套关键装备，建立农业装备适用性评价方

法，形成农业工程技术体系与模式分类体系，助力现代农机发展

在设施种植装备方面，专项针对现代蔬菜育苗产业实用技术装备缺乏、育苗工艺标准化程度低等问题，研发了蔬菜育苗基质标准化生产工艺与配套设备、苗期生长发育调控技术与配套设备等多种配套设备，并集成应用，为蔬菜集约化育苗标准化、机械化提供了可靠技术支撑；在设施养殖装备方面，项目优化集成全株玉米、苜蓿、高湿高热地区栽培饲草及北方天然优质牧草青贮先进生产技术，以及标准化、规范化、优质化的饲草青贮加工工艺和装备，有效支撑了我国青贮饲料的高效利用和产业化发展；在种子育制种装备方面，针对小麦、玉米、油菜种子小区育种试验的种植模式和农艺要求，实现了作物品种小区的精密播种、联合收获机械化精确作业、自动化快速测种与精选加工后的分量分装，形成了我国作物品种小区生产机械化作业技术规范，开发了小区种植与收获机械化技术与装备；在农业装备适用性评价方面，成功建立了覆盖农机生产工艺、农机作业主要环节的评价理论、技术、方法和设备体系，并对半喂入联合收割机、水稻插秧机等10多种农机装备进行了适用性评价研究；在农业工程技术体系与模式分类体系方面，提出了多项分类的农业工程技术体系，为指导我国农业工程技术的集成应用、区域重点工程集成模式及区域重点研究与应用方向奠定了理论基础；在农业信息化方面，初步形成了覆盖我国小麦主产区的小麦苗情自动监测网络和苗情监测系统。

4. 提升资源利用效率，开展农业面源污染防控、生物质资源开发、区域农业资源高效利用等关键技术和装备科研攻关与推广，为农业绿色可持续发展奠定技术基础

（1）资源高效利用技术与装备研究取得了新进展，农业生产效率与技术管理水平大幅提升

针对我国每年因旱情损失粮食数量巨大、化肥农药施用过量造成面源污染的客观事实，通过专项实施，一是开展了生产节水保墒技术的研究与推广，现已初步构建华北、东北和西北地区主要农作物水资源"适度低投入、高效高产出、抗旱可持续"的作物生产体系。二是建立了我国主要粮食作物、经济作物、水果和蔬菜的高效养分管理技术体系，包括设计研发了玉米、小麦和水稻等三大主要粮食作物的32个区域肥料大配方及专用商品有机肥与复合肥产品，油菜、棉花、蔬菜、苹果等12个大宗经济作物的专用

肥配方，不同功能的微生物有机肥产品，能够有效替代化肥且适用于不同土壤地况的绿肥生产创新方式等，为我国粮食持续增产提供了物质基础。三是研发了农药雾滴密度测试卡、弥雾喷雾机等新型农药施用装备，已在北京、山东、安徽等地大规模应用推广。配套使用选药试剂盒后，对靶标生物的施药效果有了显著提高，实现了农药减量增效。

（2）面源污染防控技术研究取得了明显进步，农业废弃物排放得到有效控制与利用

当前，农业生产废弃物污染生态环境的趋势愈发严重，通过专项实施，从多方面采取了有效的防控措施。一是在农田氮磷污染防控方面，布设了覆盖南方平原区、西北平原区、东北半湿润雨养农业区、北方高原区等六大主要农区的氮磷阈值监测点85个，揭示了不同农区的产流规律和氮磷污染流失特征。二是在土壤重金属污染控制方面，研究出利用物种敏感性分布和重金属有效性模型相结合推导在不同农产品产地土壤中重金属生态阈值的新方法，大大提高了土壤重金属环境阈值的科学性和可操作性。三是在农业废弃物高效利用方面，形成了南方稻田化肥农药源头减量投入技术集成模式、基于有机废物循环利用的农牧配套型稻田清洁生产技术模式、农业废尾水"沟-渠-塘"一体化生态拦截技术等三大技术体系，累计推广3万多亩，极大地提高了农民收益。

（3）初步建立主要外来入侵生物防控技术体系，有效保护农业野生植物资源

近些年，外来物种入侵导致的突发事件频繁发生，野生植物资源保护问题备受瞩目。通过专项实施，一是明确了紫荆泽兰、螺旋粉虱、西花蓟马和黄顶菊等有代表性的外来入侵生物的发生、分布及危害机理。摸清了入侵物种的种类、发生、分布、危害等信息，掌握了其入侵扩散、生态适应及种群灾变机制。通过建立普查数据库，形成了空间分布格局图、危害等级图、适生区域图及风险等级图，为综合防控技术研究奠定了基础。二是建立了外来入侵生物综合防治技术体系，实践效果良好。研究综合了化学防控、生物防治、生态恢复、开发利用等多种技术，形成了能够适应不同地域入侵物种的农业、物理、化学、生物等综合防治技术，并建成化学防治、次生物质应用、生物防治、应急防控、综合防控等技术示范点77个。三是野生植物资源保护得到有序推进。完成了野生植物原生境保护点的监控评估、优异性状

野生资源的鉴定、基因克隆等多项研究工作。

（4）完善资源可持续开发利用关键技术，为农业可持续发展奠定坚实技术基础

针对农业持续较快发展与环境资源约束趋紧、投入品过度消耗、环境污染加剧等问题之间的矛盾，专项实施以来，一是在不同农业源温室气体减排技术方面取得了新进展。建立了"气候变化对农业生产系统的综合影响野外试验平台"和"农业源温室气体监测与控制技术研究网络"两个覆盖主要农业生态区的联网研究平台；制定完成了不同农业源温室气体排放的监测方法与技术规程，填补了研究空白。二是草原资源高效利用与生态保护得到兼顾。建立了多种干草调制综合技术体系、牧区人工草地土地利用潜力评估体系和决策系统、牧区高效饲草生产加工和利用技术体系，初步解决了高寒牧区缺草、家畜营养不平衡等一系列问题，有效支撑了牧区草原的可持续发展。三是典型水域渔业生态环境得到明显修复。通过建立基于食物网动态的渔业资源增殖容量评估技术、评估模型、苗种增殖放流及标志技术，创建了健康苗种繁育和放流苗种的遗传多样性评价技术，并创建了不同区域海洋牧场增殖品种筛选指标体系，大幅度提高了海洋资源的利用率。四是农业生物开发利用关键技术取得突破。建立了农业生物质基础特性数据库及网络共享平台，为我国农业生物质资源开发利用、生物质产业综合效益同步提升提供数据支撑。

（5）加强区域农业资源高效利用，助推西北非耕地、青藏高原社区农业可持续发展和区域扶贫攻坚

专项启动了6个以西北板块非耕地及5个青藏高原社区为主的区域性项目。解决了西北非耕地上无土栽培、温室结构、水资源利用、品种筛选、高效栽培的技术问题及产业化问题。研发出适宜不同农业废弃物基质化发酵高效腐解菌株和菌剂，建立了基于农户的小规模基质发酵与复配技术体系，实现了畜禽粪便和作物秸秆等基质原料的就地转化利用，降低了基质使用成本。集成了以"节水、节肥、省工、安全、高效"为核心的非耕地设施园艺作物种植技术，构建了高寒冷凉区葡萄延后和夏季高温干旱区葡萄促早栽培技术体系、西北高海拔冷凉区双孢蘑菇越夏栽培体系及蔬菜生态基质无土栽培技术体系，对提高西部水资源利用率、农业结构调整等具有明显的推动作用。

创新了青藏高原社区畜牧业技术体系和发展模式，加强了全产业链技术集成，提升了特色产业竞争力和各社区天然草地产草量。针对限制草畜转化的突出问题，在社区层面开展了畜群结构优化、畜种高效繁育、放牧体系改善、营养调控和疾病防控等技术的集成与示范。创建了基于牧民感官评价的草地健康评价体系；研发了限时放牧、划区轮牧技术；提出了天然草地改良综合技术；创建了牧民参与式管理模式。获得专利 21 项，颁布地方行业标准 4 项，发表论文 60 篇，出版著作 2 部。

5. 重点解决农产品加工共性技术需求，为技术升级与安全保障提供可靠技术支撑

（1）建立基础数据公共服务平台，为科学决策提供数据支持

通过专项实施，一是构建了大宗农产品加工品质与专用品种基础数据库，既为育种专家培育加工专用品种提供理论依据，也为农产品加工企业建立优质原料基地提供信息资源。此外，建立了肉品微生物预报模型系统和兽药数据库、肉品微生物公益性服务和共享平台、肉中药物残留检测信息技术平台，为肉中兽药残留检测和快速查询及食品安全事件的快速响应提供技术指导。

（2）研发一系列产地初加工技术与装备，并实现大面积产业化

通过专项实施，一是研发了多种适宜不同区域的农户小型储粮配套技术与装备，在黑龙江、湖北、辽宁等多地建成了示范点 20 余处，取得了良好的示范效应。二是研发了马铃薯贮藏技术与装备，填补了国内马铃薯产后贮藏研究空白，并在西北、华北、西南等建立了马铃薯储藏窖，引导农民科学贮藏，使薯农的贮藏损失由 20％左右降至 6％以内。三是研究开发了异质肉控制技术与装备，包括畜禽胴体保湿剂、低压电刺激加速牛肉嫩化法等异质肉控制技术。研制了禽类宰杀的多种关键设备，显著提升了屠宰加工装备国产化水平，装备已在示范企业得到广泛应用。

（3）突破一批农产品精深加工关键技术，实现高值化加工和技术产品升级

通过专项实施，一是研发了非热杀菌保鲜技术与装置，包括超高压杀菌等食品非热杀菌保鲜技术，开发了用于食品物料加工的自动控温节能欧姆加热杀菌装置，为我国农产品绿色加工提供了重要技术和装备支撑。二是研发了冷却肉品质控制技术与装置，使胴体冷却干耗从常规的 2.5％下降到

0.9%，冷却猪肉和牛肉货架期分别延长至 24 天和 45 天，异质肉发生率下降到 10% 以下。三是提升传统粤式腊味肉制品加工技术，解决了传统腊味制品生产中的主要关键技术问题，改善了产品品质，在降低生产成本的同时，使其保质期延长至 8~12 个月。四是在山羊奶制品加工技术方面，进行了羊奶专用发酵剂、羊奶干酪、乳酸菌羊奶粉等一系列产品的开发研制，形成了羊奶液态奶专用复合稳定乳化剂、凝乳酶应用技术等关键产品和技术，从而实现了山羊奶制品的高值化加工和技术产品升级。

（4）研制农产品新型检测技术、标准与装备，实现客观、定量、快速、无损、在线检测

一是研发了农产品品质快速无损检测技术与装备，包括生鲜猪肉多品质参数同时检测的自动式和手持式在线快速无损检测系统装置，牛肉品质多参数无损检测装置，手持式牛肉大理石花纹无损检测装置等多项装置。二是研发了农残、兽残快速检测技术与装备，包括苹果表面农药残留检测系统、便携式阻抗免疫生物传感器样机、便携式农药残留速测仪器，实现了检测信息的网络化管理。三是研发了质量分级技术与装置，建立了近红外快速检测花生、油菜中氨基酸、脂肪酸、蛋白亚基组分技术，实现了大量样品的无损、快速检测，确保了产品质量和食品安全。经示范应用，为产业发展和行业监管提供了强有力的技术支撑。

（四）管理机制

专项实施所取得的成效，既得益于广大科技人员的艰苦努力，也利益于管理部门的机制创新，专项管理过程中探索出了一套符合公益项目特点和行业科技发展要求的管理措施。

1. 强化了以满足产业发展需求为目标导向

为推进科技与经济紧密结合，发挥科技对经济发展的支撑和引领作用，专项牢牢把握自身定位，始终坚持"课题来源于生产、成果应用于实践"的工作思路，坚定不移地把提升产业整体发展能力和水平作为专项实施的出发点和落脚点，努力实现技术链与产业链的有效对接。为此，农业农村部科教司牵头会同种植业司、畜牧司、渔业局、农机化司、加工局等行业司局，共同研究、系统梳理、科学评估产业技术需求和行业共性问题，不断优化和凝练创新主题，并按照重要性、紧急程度等进行排序，确定备选项目，强化科技创新与行业发展的吻合度，确立支持方向。

2. 实施了以顶层设计为主导的项目统筹机制

专项立足产业需求，满足行业特色，坚持顶层设计、统筹规划、通盘考虑。一是制定了五年发展规划，以规划引领执行路线，分解年度任务，推进分步实施。二是明确了专项支持方略，尤其强调资源集中、重点突出、规范运行和协调发展。

具体实施中，专项既持续提升主要农产品科技生产力发展水平，又不断培育园艺、小农作物等市场急需品种与技术的科技供给能力；既注重耕作制度、农艺栽培等传统技术的更新和优化，又强化设施装备、智能信息、轻简栽培等现代技术的替代和配套；既加强水肥土气等农业生产元素的综合使用，以提高综合生产能力，又优先发展生物技术、环境保护技术等，以实现有限资源的高效可持续利用。在支持区域分布上，在强化主要农产品供给等国家战略需求的同时，充分发挥市场的引导作用，加强对优势区域、优势产业、优势产品的技术扶持，努力实现国家战略、区域治理和市场引导的有机统一。

3. 深化了以解决生产实际问题为核心的绩效评价机制

一是优化专项考核指标体系，把专项实施过程中可能形成的技术产品、模式、措施、标准和体系作为约束性考核内容，淡化传统的论文、专利、奖励等指标内容，从而把科研工作引向生产实际。同时，把专项实施对产业发展的影响力列为过程管理的重要内容，全过程引入技术用户参与和监督，建立科学合理、操作性强和以绩效为导向的运行机制，尤其注重农业生产综合技术措施到户到人、降低农业灾害损失率到位到底、农业机械作业量到田到顶，强调科研活动与生产的结合度、科学技术对农事的支撑力、科技人员对行业的贡献率。

二是改革项目绩效考核组织形式。每个项目业务验收专家中有至少3名技术用户，他们分别来自成果直接应用者或生产一线，对于成果能否在生产实践中产生实际效果有真正的发言权，在项目验收过程中对项目成果和生产实际的结合情况提出看法，并对下阶段项目的研究方向提出建设性意见，使农业行业专项与生产结合更为紧密，真正形成对生产实践有指导意义的技术成果。

4. 巩固了跨部门、跨学科、跨区域的联合协作攻关机制

一是针对中国幅员辽阔、各地资源禀赋各异等特点，遵循农业科研发展规律，系统设计并组织全国优势科研力量，建立产学研用相结合、中央和地方相结合、不同科研机构和地方科技人才相结合的链条式行业科技创新体系，在实施过程中注重推进"农-科-教"大联合、大协作，强化科技与产业的有机结合。为此，农业农村部坚持强化联合协作，以农业行业科技专项为纽带，将优势科技资源凝聚起来，将科研力量和优势产区结合起来，围绕国家目标、产业需求和农民需要，努力打破部门、地域、行业、单位、学科界限，实行跨部门、跨学科、跨区域的科研单位和人员协同攻关，实行科研机构、推广机构、教学机构、企业的联合协作，搭建了各领域专家交流协作的创新平台。

二是强化了与现代农业产业技术体系的衔接，加强与农业领域重点实验室和农业科技园区等基地平台建设的衔接，加强与农业科研杰出人才等人才团队建设的衔接，加强与基层农技推广体系衔接，加强与国家重点研发计划等其他科技计划的衔接，通过项目、基地、人才的有机融合和立体交织，按照农业的产前产中产后、科研的上中下游，合理配置科研资源，确保农业科研的关键环节、重点领域能够得到有效支持，努力把科技力量配置由重复分散转向科学分工与联合协作相结合。打造形成了一批服务国家目标和产业需求的专家队伍，培养了一大批懂产业、会技术、实践经验丰富的人才，为我国农业转方式、调结构，农业供给侧结构性改革和农业绿色发展贮备了大量人才资源。

三、国家农业科技创新联盟

国家农业科技创新联盟（以下简称"联盟"）是为了深入贯彻乡村振兴战略和创新驱动发展战略，由农业农村部主导，中国农业科学院牵头，国家、省和地市三级农（牧）业、农垦科学院，涉农高校和部分农业企业共同组成的全国农业科技协同创新组织。自 2014 年以来，联盟以增强农业科技自主创新能力、破除体制机制障碍为目标，聚焦农业全局性重大战略、产业共性技术难题和区域性农业发展重大关键问题等，通过科技资源共享、协同机制创新、科技任务牵引等手段，集聚了全国农业科技优势资源和力量，初步构建了产学研用紧密结合、上中下游有机衔接的协同协作机制，搭建了集中力量办大事、集中资源克难事的平台和载体。截至目前，已建立 70 余个专业联盟、产业联盟和区域联盟，基本覆盖了基础性、行业性、区域性重大科技和产业问题，在创新运行机制、推动产业变革、解决重大技术瓶颈等方面有创新、有突破、有贡献，在全国已经有了不小的影响，产生了较大的凝聚力和号召力。

在推动联盟建设过程中，按照"三步走"目标来推动。一是按照"四个一"的目标把联盟"建起来"，即要求每一个新成立的联盟，要有一个重大产业问题、一个重大科学命题、一个团队支撑、一套运行机制；二是按照"五个有"的要求把联盟"干起来"，即有目标、有任务、有团队、有资金、有考核；三是通过加快构建实体化、一体化、共建共享机制让联盟"强起来"，推动能够市场化、商品化、平台化的联盟内优势单位组建法人实体（如水稻分子育种、渔业智能装备、棉花产业等联盟），推动面向行业性、区域性的联盟以县域为单元提供一体化综合解决方案（如东北区域玉米秸秆综合利用、畜禽废弃物资源化利用、乡村环境治理等联盟），推动基础性、全局性联盟（如农作物种质资源、农业大数据等联盟）提高共建共享效率。

2019年3月，中国科学院第三方评估中心对2018年以前建立的59个联盟进行了评估。通过此次评估工作诊断，评估中心认为，联盟建设是在不动现有管理体制的前提下的重大机制创新，通过搭建跨单位、跨学科、跨区域联合协作、集中力量办大事的平台载体，有效改变了各类科技创新主体单打独斗、各自为战的现状，基本形成了产学研用紧密结合、上中下游有机衔接的协同协作格局。

经过4年多来的探索实践，联盟建设和管理运行日趋规范，推动农业科技创新、支撑现代农业转型升级和绿色发展的作用日益显现。主要体现在以下几个方面：

一是攻克了一批质量兴农关键技术，创制了一批技术产品。联盟以农业供给侧结构性改革为主线，以质量兴农为重点，探索科企深度合作机制，加强全产业链关键技术协同创新，引领支撑了农业提质增效和转型发展。棉花产业联盟示范和推广多套植棉新技术，实现优质棉订单面积40余万亩，订单产量5万多吨，商品棉品质提高1～2级，订单棉花加价1 500元/吨，单位面积增收100元/亩。奶业联盟按照"技术先行、标准引领、企业跟进"的技术路线，研发了生乳用途分级技术，制定了优质乳生产加工标准，并在23家乳品企业中示范应用，使优质生鲜奶收购价每千克上涨0.15元，加工能耗降低15%以上，生产的巴氏奶乳铁蛋白平均含量是进口奶的12倍。深蓝渔业联盟设计并改装的 3 000 吨级冷水团养殖工船下水启航；研究设计出 10 万吨级、20 万吨级和 30 万吨级系列养殖平台；研发的大型围栏式养殖设备正式投入生产，养殖的大黄鱼比近海养殖的市场价格提高 3～5 倍。智慧农业联盟突破了天空地一体化农业生产过程智能感知技术和智能分析决策技术，示范区农田信息获取人工成本降低 20%，农情信息分析与决策的精度提高 10%，智能决策支撑下的精量播种效率提高 10%，智能灌溉节水 10%。水稻商业化分子育种联盟探索出适宜企业发展的"6＋1"精准育种新模式，育成了"中禾优 1 号"等一批高产优质多抗水稻新品种，初步形成了产学研合作商业化育种创新体系。肉制品加工联盟围绕工业化生产关键技术集成与示范，开发新产品 3 种，开展技术对接 257 次，实现经济效益约 120 亿元。谷物收获机械联盟研制出 10 千克级谷物联合收割机，产品达到工业和信息化部发布的《首台（套）重大技术装备推广应用指导目录》技术指标要求，主持制定了 9 项收获机械行业技术标准，带动 1 000 余家供应商制造能力提升。

二是突破了一批农业绿色发展关键技术，集成示范了一批技术模式。联盟围绕农业突出环境问题，组织全国优势单位和团队开展联合攻关，形成了一批关键技术和技术模式，有效支撑了农业绿色发展。水稻绿色增产增效联盟突破了水稻机械化种植、肥料施用、病虫草害综合防控等 7 套核心技术，水稻钵毯苗机插技术的推广使 3 000 万亩东北稻区增产 5%～10%，化肥农药减施各 10%。农业废弃物循环利用联盟制定了畜禽粪污土地承载力测算方法，集成了不同养殖规模下的 7 种畜禽废弃物利用技术模式，实施了京津冀"1＋3＋9"联合行动，开展"整县推进"示范，"京安模式"已成为全国主推模式。柑橘黄龙病综合防控联盟在黄龙病快速诊断、切断病害传播上取得技术突破，集成综合防控技术模式 3 套，在福建永春等地应用，实现柑橘黄龙病零发病。小麦赤霉病综合防控联盟选育出抗赤新品种 3 个，研发出高效新药剂及新复配组合，集成的小麦赤霉病防控技术体系在江苏淮南麦区应用，覆盖面积达 80% 以上。天敌昆虫联盟研发天敌高效繁育技术 15 项，创制产品 23 种，组建了 7 种天敌昆虫的虫害防治应用技术，示范推广 2 100 多万亩，平均减少化学农药使用量 50% 以上，其中杀虫剂减少 80% 以上。

三是聚焦区域重大问题，集成了一批技术解决方案。联盟针对秸秆焚烧、地下水超采、重金属污染等区域重大问题，组织中央和地方科技力量协同创新，形成了一批综合技术解决方案，支撑了区域农业可持续发展。东北玉米秸秆联盟研究集成了秸秆"四化"关键技术10套，推广面积超过270万亩，年饲料用秸秆900万吨，秸秆打捆直接供暖走进2 000多家农户。华北农业节水增效联盟研究提出二年三熟适雨种植制度，制定了每亩减少地下水灌溉100立方米和50立方米的高效用水技术模式，提出了地下水压采50亿立方米和60亿立方米的农业整体解决方案，并在5个基地进行示范推广。农产品产地重金属污染治理联盟建立了以"净源、失活、减量、低吸"为重点的稻田镉污染阻控技术体系，使稻米镉含量在中轻度污染农田达到安全标准。热区石漠化联盟筛选出作物新品种20多个，研发出综合技术10种，构建起"林-草-畜-肥"等一体化模式，亩增产值3 700～12 000元，为热区山地精准扶贫提供了技术模式。

四是强化科技资源共建共享，提高了创新效率。联盟以提高科技资源利用率和创新效率为目标，着力构建基础性公共服务平台，促进各类科技资源共建共享。农业大数据与信息服务联盟整合各类文献资源2 000余万条、农业科学数据集600多个，构建了"资源全、多终端、一站式、1小时"信息服务新模式，实现了联盟成员单位内农业科技文献信息资源99.9%的保障水平。农作物种质资源联盟整合全国70多家单位的各类农作物种质资源90多万份，年分发利用达8万余份次，开展各类种质资源相关技术服务1 100多次，服务用户达1万余次。农产品质量安全联盟研制出204种国家有证标准物质和近100种基体质控品；构建了200余种污染物抗体库及系列快速检测试剂盒，灵敏度提高了5～50倍；开发了覆盖近1 000种污染物的快速筛查方法，为农产品质量安全风险监测和应急事件处置提供了技术支撑。2017年部署的农业基础性长期性科技工作，以农业农村部重点实验室学科群体系为核心，建立了"中央-省-地"三级联动的工作体系，形成了以1个数据总中心为核心、10个数据中心为支撑、456个观测实验站为基点的全国农业科学观测网络。

四、国家现代农业产业科技创新中心

2017年农业部在全国范围布局建设国家现代农业产业科技创新中心（以下简称"科创中心"）。通过优化农业科技资源配置、搭建科技经济融合平台、创新农业产业发展体制机制，助力区域农业产业转型升级，带动地方经济发展，打造一批"农业硅谷"和区域经济新增长极。目前已先后批复了江苏南京、山西太谷、四川成都和广东广州 4 个科创中心，还有 7 个省份以省政府来文申请在本省建设围绕某一主导产业的科创中心。

一是创新体制机制，搭建科技经济一体化平台。科创中心充分借鉴国内外依托院校支撑、依赖市场运行、依靠政府引导的成功经验，以科技创新为基础、产业化为方向，促进创新要素集聚、关键技术集成、关联企业集中、优势产业集群，着力构建政府支持、企业主体、市场运作的机制，按照科技创新能力强、科技型企业强、地区辐射带动力强和地方党委政府建设意愿强的标准，打造"农业硅谷"，推动地方农业经济高质量发展。

二是坚持问题导向，探索产业科技创新模式。打造科技与产业无缝对接的新平台。面向农业产业需求，边科研边产业化，集中完成科学研究、实验开发、推广应用三级跳，实现科技创新与农业产业无缝对接。打造政产学研金用结合的新载体。充分发挥政府政策的支撑保障作用，吸引龙头企业、科技人才、社会资本和金融机构进入，切实把各类要素集聚到特定目标、平台和产业。打造区域农业经济增长极。以科技创新为引领，培育和壮大农业企业，推进人才集合、企业集中、产业集群、各类要素集聚，切实提升地方特色优势农业产业的质量效益和竞争力，带动区域农业经济发展。

三是引导资源集聚，不断培育内生动力。创新市场运行机制。在政府支持下，充分发挥市场配置资源的决定性作用，突出企业主体、市场化运作，引导企业与科技创新团队相互对接，瞄准市场需求集成转化成果，形成现实生产力。创新共享共赢机制。筑巢引凤，搭建科研中试、检验检测、成果展示、转化交易、交流合作、金融服务、法规咨询等平台，打造"政产学研用金"一体化的创新创业高地。支持引导企业、科研院所、高校、金融机构、新型经营主体等各方建立利益联结机制，形成利益共同体，实现互利共赢。创新人才激励机制。打造创新政策先行先试的示范区，促进科技成果权益分享、股权期权激励、兼职兼薪政策等优先在中心落地，让优秀科技人才"名利双收"，激发创新创业积极性。配套出台相关优惠政策，确保科技人才后顾无忧，安心创新创业。

在推进科创中心建设过程中，农业农村部严把建设标准，按照"建一个成一个，一个一个推动"的原则大力推进建设工作，指导各地突出自身功能定位和产业优势特点，切实为农业产业发展注入科技活力，把科技创新落实到产业化和产业发展上。目前，已批复的 4 个科创中心建设已初显成效。

一是多方面重视支持建设发展。南京科创中心建立了部省市联席会议制度，省委常委、南京市委书记 5 次召开专题会议并到园区调研，市委副书记亲自分管园区工作，进行 20 余次专题调度并协调推进建设工作，南京市成立管委会，浦口区组建管委会办公室。太谷科创中心与山西农谷管委会、国家农高区（拟批）"三块牌子一套人马"，共享山西农谷建设政策优势。成都科创中心成立市级领导小组，成都市市长任组长，办公室设在市农业农村局，建立"定期例会"工作推进机制。广州科创中心建立省级领导小组，2 位省委常委担任组长，农业农村厅厅长担任领导小组办公室主任，科创中心建设列入省政府主要督办事项，省、市、区政府提供绿色发展通道。

二是多形式落实人员经费用地用房。南京科创中心注资 5 亿元组建公司作为运作实体，浦口区拿出 332 亩地作为核心区建设，租用 1 万平方米众创空间，抽调 38 人组建工作团队，省编办明确正式编制 12 名，省财政明确连续 3 年每年专项支持 5 000 万元，浦口区每年配套 5 000 万元。太谷科创中心组建建设投资公司，计划总投资 50.69 亿元建设 4 大项目起步区，2019 年晋中市安排了 2 400 万元专项研发资金，太谷县拿出 500 亩地用于起步区建设。成都科创中心在天府新区统筹建设 3 000 亩集成示范基地以及 80 万平方米企业研发总部，首期建设 20 万平方米研发中心，12 个建设项目正在施工，预计 2019 年底竣工，省、市、区财政投入 15 亿元。依托科创中心建立新型成都农业科技中心（无编制、无级别、无固定人员经费），实行理事会制度，中国农科院和成都市政府作为双理事长单位。广州科创中心在天河区拿出 1 000 亩打造核心区，建设 7 栋大楼 1.6 万平方米，租用 20 余处 30 万平方米众创空间，落实 500 亩高标准生产示范基地，落实 50 个人员编制，省财政每年专项支持 1 000 万元。

三是多模式加大招商引智力度。南京科创中心通过市场化招商、聘请招商顾问、全员招商等模式开展招商引智；搭建海外招商平台，在美国、荷兰、以色列等设立招商工作站；组织 10 余场推介会和海外招商活动，对接人才团队 300 余人次，成功引进深农智能等高科技企业 28 个、赵春江院士团队等高层次人才团队 25 个、新希望产业发展基金和中信农业创投基金高水平基金 2 家以及高关联度产业联盟 5 家。太谷科创中心依托山西农业大学和山西农业科学院组建山西功能农业（食品）研究院等"四院八中心"创新平台；建设农产品国际交易中心博览区和仓储区、华为大数据中心、农民培训中心等一批标杆性项目；吸引创新型企业17家、人才团队120个，组建基金4个，累计资金62亿元。成都科创中心引进中国农业科学院都市农业所和13个人才团队，联合地方科研力量共同启动实施36个重点研究项目；引入山东寿光蔬菜产业集团和成都天投集团合作组建运营公司，与北京中环易达公司合作共建"都市智慧农场"，引入四川特驱投资集团共建都市现代农业产业技术研究院；吸引36个高新技术企业、23个高层次人才团队、11个高水平基金入驻。广州科创中心整合广州农村产权交易所资源建设数字港，搭建了"基因组学＋表型组学"创新育种平台、农村产权交易平台等10个要素平台；组建研究总院，下设18个分院；吸引163家新型创新机构及企业入驻，促成130余项合作。

四是多维度营造优良创新创业氛围。南京科创中心在南京创新名城"1＋45"政策体系基础上，制定完善服务平台、重点实验室、公共技术、创业人才、新型研发机构和总部企业等6大方面18条支持政策。太谷科创中心出台《晋中市人才发展专项资金扶持山西农谷建设办法》等创新制度，推行企业投资项目无审批承诺制，借鉴浙江"最多跑一次"经验，筹备建设智慧政务系统。成都科创中心联合中国农业科学院在成都召开"首届中国农业科技成果转化大会"和"2019年全球农业科学院院长论坛"，市委、市政府出台"产业新政50条""人才新政12条""土地新政14条"等加大对主导产业重大项目的扶持力度。广州科创中心在各大媒体进行集中报道宣传，在省内21个地级市、11个院所，针对12 000家重点企业进行巡回宣讲，在省内乃至全国初步形成工作影响力、要素凝聚力和入驻吸引力。

五、中国农业科学院农业科技创新工程

中国农业科学院农业科技创新工程是农业农村部和财政部为中国农业科学院更好发挥国家战略科技力量作用而量身打造的国家工程，目的是以机制创新撬动院所改革，以稳定支持增强创新能力，以重大成果驱动农业农村发展。中国农业科学院将创新工程作为"头号工程"，大刀阔斧进行改革，调整优化学科布局，加大人才引进力度，完善科研支撑条件，深化国际交流合作，稳定支持科研团队持续攻关，科技创新取得长足进步。从外部同行专家、管理专家评估意见和定量数据对比分析可以看出，随着创新工程实施，

全院精神面貌焕然一新，院所发展定位更加聚焦，创新能力全面增强，创新效率大幅提升，创新成果不断涌现，改革"排头兵"、创新"国家队"、决策"智囊团"地位与作用愈发凸显。

一是探索建立了中国特色农业科研院所治理新模式，为国家农业科技体制改革提供了成功范例。形成了以"三个面向"为导向的三级学科体系、以科研团队为主体的科研创新组织模式、以稳定支持为特征的科研投入机制、以跨所跨学科团队联合为特征的协同创新机制、以科研产出为导向的绩效管理机制，走出一条符合国情、农情的现代院所治理新路子。

二是全方位提升了创新能力，为建设一流学科和一流院所打下坚实基础。构建起由首席专家、科研骨干、科研助理组成的331个科研团队；实施人才强院战略，引进220多名优秀青年人才；完善平台体系，构建起三级三类科研平台体系和四大类基地体系；服务"一带一路"倡议，国际学术影响力持续提升；大力推进协同创新行动和创新联盟，农业科研引领能力不断增强。

三是创新效率和科技产出大幅提升，为农业高质量发展、绿色发展、脱贫攻坚、乡村振兴提供了有力支撑。全院广大科技人员牢固树立"四个意识"，坚决贯彻党中央决策部署，坚持创新为民科技导向，扎根基层一线，勇于攻坚克难，取得了一大批高水平科技成果。面向科技前沿，揭示了领跑世界前沿研究的10大理论发现；面向国家重大需求，突破了制约现代农业发展的10大关键技术；面向农业主战场，产出带动新兴产业发展的10项重大产品；面向未来，重点培育10项苗头性成果，引领我国农业科技率先跨越。

自创新工程2013年启动实施5年来，全院共获国家奖33项，同比增长22%，获奖数量约占农业领域的20%。2018年又获8项国家奖，达到2000年国家奖改革以来的最高水平。科技论文量质双升，共发表科技论文25 690篇，其中SCI/EI论文10 042篇，是前5年的2.5倍。在 *Science*、*Nature*、*Cell* 三大主刊发表论文12篇，同比翻了一番，处于国内领先地位。新品种、专利等成果翻倍增长，共审定农作物新品种638个，同比增长50%。获植物新品种权234项，同比增长270%。创制新农药、新肥料、新兽药94个，同比增长60%。获发明专利2 931项，是前5年的3倍，其中获中国专利奖36项，占农业领域全国获奖总数的68%，生物技术领域和制药领域发明量全球第一。

创新工程是发动机、是播种机、是孵化器，为中国农业科学院跨越发展增添了新动能，为培育颠覆性技术和革命性成果播下了希望的种子，为加快出成果、出人才、出理论提供了崭新的环境与空间。

六、农技推广服务特聘计划

按照 2018 年中央 1 号文件"全面实施农技推广服务特聘计划"的部署，农业部完善政策措施，加强调研指导，抓紧在国家扶贫开发工作重点县和集中连片特殊困难地区县以及其他有意愿的地方实施特聘计划。经商财政部同意，农业部办公厅印发《在贫困地区开展农技推广服务特聘计划试点实施方案》，在 5 个省的 7 个贫困地区开展特聘计划试点，通过政府购买服务的方式，从农业乡土专家、种养能手、新型农业经营主体技术骨干、科研教学单位一线服务人员中招募一批特聘农技员，承担公益性和公共性农技推广任务，弥补基层公益性服务供给不足。经过各方面努力，特聘计划试点工作扎实有序推进，已有 263 位优秀人员被招募招录为特聘农技员，并在贫苦贫困地区产业扶贫一线扎实开展服务。从试点情况来看，特聘计划的实施为产业扶贫提供了有力的人才支持，为基层农技推广体系建设探索了新路径，得到了基层政府和农业部门的认可，受到农民群众的欢迎。

一是为产业扶贫提供了有力的人才支持。目前多数贫困地区农技推广服务供给较弱，实施农技推广服务特聘计划，按照发展特色优势产业、带动贫困农户精准脱贫等要求，招募有丰富农业生产实践经验和较高技术专长、服务意识和协调能力较强且在服务区域有较好群众基础的人员作为特聘农技员，有针对性地开展农技推广服务，为产业扶贫提供有力的人才支撑，受到试点地区的欢迎。四川省将全省 45 个贫困县中的 42 个县（市）纳入特聘计划试点，宁夏回族自治区尽管不在本次试点范围内，也根据当地需要，在14 个县实施特聘计划。

二是探索了公益性农技服务的有效供给方式。各地农业新产业、新业态蓬勃发展，对农业技术服务需求多、内容新，现有基层农技推广机构服务覆盖面有限、服务供给难以满足要求，迫切需要创新公益性农技推广服务方式，满足地方农业优势特色产业发展需要。实施农技推广服务特聘计划，通过政府购买服务的方式，从农业乡土专家、种养能手、新型农业经营主体技术骨干、科研教学单位一线服务人员中招募一批特聘农技员，承担公益性和公共性农技推广任务，解决了贫困地区农业产业发展缺品种、缺技术、缺装备的问题，是政府公益性农技推广服务供给方式的重要创新。

三是探索了农技推广队伍建设的有效途径。农技推广服务特聘计划实现了"三个突破"，是基层农技推广队伍建设的一次重大改革创新，为农技推广队伍长远发展探索了新路子。一是突破了编制管理的限制。特聘农技员招募不涉及编制，可大大降低当地农业部门协调其他部门的难度，便于尽快充实乡镇农技推广队伍。二是突破了农技人员来源的框框。特聘农技员来源广泛，对年龄、学历没有硬性要求，可以全职也可以兼职，谁能干就用谁，真正实现"聚天下英才而用之"。三是突破了现有农技推广队伍管理障碍。特聘农技员在管理上实行县聘县管、县聘乡管和乡聘乡管等模式；在考核上奖勤罚懒、奖优罚劣，不合格的及时解除聘任关系，合格的聘用期满后优先予以续聘，激发了优秀特聘农技员干事创业的热情。

附录7　《规划纲要》农业领域实施情况调查问卷

一、高校、科研院所

本次调查，向拥有博士点的国内高校以及中央级、省级科研院所发放调查问卷。

1. 2006 年以来，本单位整体科研水平的变化情况是：

　　A. 有显著提高

　　B. 有较大提高

　　C. 没有变化

　　D. 水平下降

　　E. 无法判断

2. 2006 年以来，本单位在与其他高校、科研院所开展科研合作方面的变化情况是：

　　A. 明显增多

　　B. 略有增多

　　C. 没有变化

　　D. 合作更少

　　E. 无法判断

3. 2006 年以来，本单位开展产学研合作的变化情况是：

　　A. 明显增多

　　B. 略有增多

　　C. 没有变化

　　D. 合作更少

　　E. 无法判断

4. 2006 年以来，本单位在科研组织模式、科研评价等方面是否进行了改革？

　　A. 采取了大的改革措施或新的行动

　　B. 进行了一些改革，但仍需要进一步改革优化

C. 没有进行改革

5. 2006 年以来，本单位科研基础条件的变化情况是：

    A. 明显改善

    B. 有一定改善

    C. 没有变化

    D. 条件变差

    E. 无法判断

6. 您认为自 2006 年以来，本单位科研人员从事科研创造的积极性的变化情况是：

    A. 更高

    B. 没有变化

    C. 更低

    D. 无法判断

7. 本单位当前最缺乏的人才是：（限选 2 项以内）

    A. 具有世界前沿水平的高级专家

    B. 年富力强，综合能力强的科研带头人

    C. 中青年科研骨干人才

    D. 有留学和海外经历的科研人才

    E. 科研管理人才

    F. 科研辅助人才（如实验技师等）

    G. 其他类型的人才

8. 本单位在开展研发工作时，是否进行或参与过国际合作？

    A. 是

    B. 否

9. 上一问题如果选"是"，合作的主要国家为：（选最重要的，限选 3 项）

    A. 美国

    B. 加拿大

    C. 英国

    D. 法国

    E. 德国

F. 其他欧洲国家

G. 独联体国家

H. 日本

I. 澳大利亚

J. 南美国家

K. 非洲国家

L. 其他

10. 与 2006 年相比，近年来本单位开展或参与国际科技合作交流的频次的变化情况是：

A. 显著增多

B. 有所增多

C. 没有变化

D. 减少

E. 无法判断

11. 与 2006 年相比，近年来本单位开展或参与国际科技合作交流的深度的变化情况是：

A. 显著增多或深化

B. 有所增多或深化

C. 没有变化

D. 减少或降低

E. 无法判断

12. 本单位与外方科技交流合作的主要方式是：（可多选）

A. 在华建立联合研发中心（机构）或实验室

B. 在海外建立联合研发中心（机构）或实验室

C. 委托外方独立研发

D. 购买关键技术

E. 引进设备

F. 赴国外技术培训

G. 引进海外人才

H. 通过会议、访问等方式的短期交流

I. 其他

13. 本单位开展国际科技合作遇到的最主要障碍是：（限选2项以内）

    A. 语言障碍

    B. 文化、思维障碍

    C. 缺少开展合作的信息和途径

    D. 缺少国际合作经费

    E. 缺少国际合作人才

    F. 法律和知识产权的限制

    G. 其他

14. 本单位是否制定了自己的科技发展战略规划？

    A. 制定了1～2年的发展规划

    B. 制定了3～5年的发展规划

    C. 制定了5年以上的发展规划

    D. 未制定发展规划

15. 本单位在自主开展研发活动时，是否参考《规划纲要》中的相关内容？

    A. 经常参考

    B. 偶尔参考

    C. 没参考过

二、科技工作者

本次调研，要求收到通知的高校、科研院所、企业组织本单位的科研人员填写"科技工作者"问卷。

1. 对于2006年以来您自己的科研工作进展，您的自我评价是：

    A. 取得了突破性进展

    B. 积累提高较快，取得了自己比较满意的明显进展

    C. 有积累提高，取得了一定进展

    D. 基本没有进展

    E. 本人很少开展科研工作

    F. 本人刚参加科研工作，不好判断

2. 您认为，目前您的科研经费是否能够满足您的科研需要？

    A. 满足

B. 基本满足

C. 不满足

D. 严重不足

E. 无法判断

3. 您认为，本单位的科研基础设施是否能够满足您的科研需要？

    A. 满足

    B. 基本满足

    C. 不满足

    D. 严重不足

    E. 无法判断

4. 在您的科研工作中，是否利用过依托其他单位建设的公共科研基础设施？

    A. 经常利用

    B. 偶尔利用

    C. 没有利用

5. 您是否参加了企业和高校、科研院所共同承担的项目？

    A. 是

    B. 否

6. 上一问题如果选择"是"，请您对项目执行中的合作情况进行评价：

    A. 合作较紧密

    B. 合作较松散，各方无实质合作

    C. 不了解

7. 您是否参加了企业和高校、科研院所共建的技术创新联合组织（如产业技术创新联盟等)？

    A. 是

    B. 否

8. 上一问题如果选择"是"，请您对其运行机制进行评价：

    A. 机制稳定，各方合作紧密，深化了产学研合作

    B. 比较松散，各方无实质性合作

    C. 不了解

9. 您认为本单位（高校、科研院所）内部管理的主要制度（人事制度、

评价制度、薪酬制度等）对于调动科研人员的积极性和创造性起到了何种作用？

  A. 起到了积极的调动作用

  B. 未起到明显的调动作用

  C. 制约了科研人员的积极性和创造性

  D. 不好判断

10. 在您所在单位或科研团队中，您认为当前最缺乏的人才是：（限选 2 项以内）

  A. 具有世界前沿水平的高级专家

  B. 年富力强，综合能力强的科研带头人

  C. 中青年科研骨干人才

  D. 有留学经历的海外科研人才

  E. 科研管理人才

  F. 科研辅助人才

  G. 其他类型的人才

11. 您认为近年来，我国科研界在学风建设与科学精神营造方面的进展如何？

  A. 有很大进展

  B. 进展一般

  C. 没有进展

  D. 有退步

  E. 无法判断

12. 您在从事研发活动时，是否开展或参与过国际合作研发？

  A. 是

  B. 否

13. 上一问题如果选"是"，合作的主要国家为：（选最重要的，限选 3 项）

  A. 美国

  B. 加拿大

  C. 英国

  D. 法国

E. 德国

F. 其他欧洲国家

G. 独联体国家

H. 日本

I. 澳大利亚

J. 南美国家

K. 非洲国家

L. 其他

14. 与 2006 年相比，近年来您开展或参与国际科技合作交流的频次变化情况是：

A. 显著增多

B. 有所增多

C. 没有变化

D. 减少

E. 不好判断

15. 与 2006 年相比，近年来您开展或参与国际科技合作交流的深度变化情况是：

A. 显著深化

B. 有所深化

C. 没有变化

D. 降低

E. 不好判断

16. 您开展或参与国际科技合作交流遇到的最主要障碍是什么？（限选 2 项以内）

A. 语言障碍

B. 生活习惯等文化障碍

C. 缺少国际合作经费

D. 政策与外部因素制约

E. 其他

17. 您所属学科 2006 年以来的发展变化情况（A～E 为我国该学科整体科研水平的变化，F～J 为我国该学科与国际领先水平的差距变化）是：

    A. 有重大进步

    B. 有较大进步

    C. 进步较小

    D. 没有进步

    E. 不好判断

    F. 达到国际领先

    G. 差距缩小

    H. 差距没变

    I. 差距拉大

    J. 不好判断

18. 与您科研工作最相关的前沿技术 2006 年以来的发展变化情况（A～E 为我国该前沿技术整体科研水平的变化，F～J 为我国该前沿技术与国际领先水平的差距变化）是：

    A. 有重大进步

    B. 有较大进步

    C. 进步较小

    D. 没有进步

    E. 不好判断

    F. 达到国际领先

    G. 差距缩小

    H. 差距没变

    I. 差距拉大

    J. 不好判断

19. 与您的科研工作最相关的重点领域 2006 年以来的发展变化情况（A～E 为我国该领域整体科研水平的变化，F～J 为我国该领域与国际领先水平的差距变化）是：

    A. 有重大进步

    B. 有较大进步

    C. 进步较小

    D. 没有进步

    E. 不好判断

F. 达到国际领先

G. 差距缩小

H. 差距没变

I. 差距拉大

J. 不好判断

20. 您对《规划纲要》的了解程度如何？

    A. 比较了解，仔细阅读过

    B. 了解，曾经翻阅过

    C. 听说过，但没翻阅过

    D. 没听说过

21. 在您自主开展科研选题时，是否参考过《规划纲要》中的内容？

    A. 经常参考

    B. 偶尔参考

    C. 没参考过

三、企业

向中国 500 强企业、创新型试点企业、承担国家科技计划课题企业等发放调查问卷。

1. 2006 年以来，本企业整体科研水平的变化情况是：

    A. 有显著提高

    B. 有较大提高

    C. 没有变化

    D. 水平下降

    E. 无法判断

2. 您认为近年来，本企业的技术能力与世界领先水平相比，变化情况是：

    A. 没有差距，达到了世界领先水平

    B. 与世界领先水平的差距明显缩小

    C. 仍保持同步差距

    D. 差距进一步拉大

    E. 无法判断

3. 2006 年以来，本企业科研基础条件的变化情况是：

    A. 明显改善

    B. 有一定改善

    C. 没有变化

    D. 条件变差

    E. 无法判断

4. 2006 年以来，本企业的主要技术来源是：（限选 2 项以内）

    A. 本企业自主开发

    B. 与其他企业合作开发

    C. 与科研院所、高校合作开发

    D. 与其他机构合作开发

    E. 从国内机构或个人引进

    F. 从国外引进

    G. 其他

5. 2006 年以来，本企业开展产学研合作的变化情况是：

    A. 明显增多

    B. 略有增多

    C. 没有变化

    D. 合作更少

    E. 无法判断

6. 2006 年以来，本企业建立研发机构或创新组织的情况是？（可多选）

    A. 建立了独立的研发机构或创新组织

    B. 与高校、科研院所共建了研发机构或创新组织

    C. 与其他企业共建了研发机构或创新组织

    D. 与海外机构在国内或在海外建立了研发机构或创新组织

    E. 未建立研发机构或创新组织

7. 2006 年以来，本企业在创新过程中与外单位的哪些平台开展了合作？（可多选）

    A. 国家（重点）实验室

    B. 部门/省市重点实验室

    C. 国家工程研究中心

D. 国家工程技术研究中心

E. 大型科学工程/仪器/设备/设施

F. 科学数据与信息平台

G. 其他

8. 2006 年以来，本企业的科技人员培训与交流情况是：（可多选）

    A. 已有高校和科研院所的科技人员在本企业兼职

    B. 已和高校、科研院所共同培养技术人才

    C. 已招聘外籍科学家和工程师在本企业工作

    D. 未与高校、科研机构等进行过人员交流

    E. 其他情况

9. 您认为 2006 年以来，本企业科研人员从事科研创造的积极性的变化情况是：

    A. 更高

    B. 没有变化

    C. 更低

    D. 不好判断

10. 本企业当前最缺乏的人才是：（限选 2 项以内）

    A. 具有世界前沿水平的高级专家

    B. 年富力强、综合能力强的科研带头人

    C. 中青年科研骨干人才

    D. 有留学和海外经历的科研人才

    E. 科研管理人才

    F. 科研辅助人才（如实验技师等）

    G. 其他类型的人才

11. 您认为"十一五"以来，我国激励创新的政策环境的变化情况是：

    A. 显著改善

    B. 有所改善

    C. 没什么变化

    D. 不如以前

    E. 无法判断

12. 本企业是否享受过国家支持创新的有关政策？

A. 享受过

B. 没有享受

13. 就本企业了解和享受的政策而言，您认为能否满足企业创新的政策
需求？

A. 能够满足

B. 大部分情况下能够满足

C. 存在许多政策缺失，不能满足

D. 无法判断

14. 企业在开展研发工作时，是否进行或参与过国际合作？

A. 是

B. 否

15. 上一问题如果选"是"，合作的主要国家为：（选最重要的，限选3
项）

A. 美国

B. 加拿大

C. 英国

D. 法国

E. 德国

F. 其他欧洲国家

G. 独联体国家

H. 日本

I. 澳大利亚

J. 南美国家

K. 非洲国家

L. 其他

16. 本企业与外方科技交流合作的主要方式是：（限选3项以内）

A. 在华建立联合研发中心（机构）或实验室

B. 在海外建立联合研发中心（机构）或实验室

C. 委托外方独立研发

D. 购买关键技术

E. 引进设备

F. 赴国外技术培训

G. 引进海外人才

H. 通过会议、访问等方式的短期交流

I. 其他

17. 本企业开展国际科技合作遇到的最主要的障碍是：（限选 2 项以内）

A. 语言障碍

B. 文化、思维障碍

C. 缺少开展合作的信息和途径

D. 缺少国际合作经费

E. 缺少国际合作人才

F. 法律和知识产权的限制

G. 其他

18. 本企业制定自身科技发展战略规划的情况是？

A. 制定了 1～2 年的发展规划

B. 制定了 3～5 年的发展规划

C. 制定了 5 年以上的发展规划

D. 未制定发展规划

19. 本企业在自主开展研发活动时，是否参考过《规划纲要》中的相关内容？

A. 经常参考

B. 偶尔参考

C. 没参考过